制造业高端技术系列

机械振动信号处理与故障诊断

房立清　杜　伟　齐子元　等编著

机 械 工 业 出 版 社

本书以复杂武器系统中火炮自动机为对象，介绍了振动信号的选取与检测、特征提取、特征维数约简及故障诊断等关键技术，系统地阐述了机械故障诊断理论和实现方法。本书主要内容包括绪论、振动信号的选取与检测、振动信号的特征提取、振动信号的维数约简、向量机诊断和机械系统故障诊断。本书涵盖了作者近年来在数字信号处理和故障诊断方面所取得的研究成果，内容新颖，层次清晰，简洁易懂，实用性强，可为复杂机械系统故障诊断提供理论支持和方法指导，有较高的参考价值。

本书主要适合从事机械设备故障诊断的技术人员使用，也可供相关专业的在校师生及研究人员参考。

图书在版编目（CIP）数据

机械振动信号处理与故障诊断/房立清等编著.
—北京：机械工业出版社，2021.3（2024.12 重印）
（制造业高端技术系列）
ISBN 978-7-111-67523-5

Ⅰ.①机… Ⅱ.①房… Ⅲ.①机械振动-信号-故障诊断 Ⅳ.①TH113.1

中国版本图书馆 CIP 数据核字（2021）第 028845 号

机械工业出版社（北京市百万庄大街 22 号 邮政编码 100037）
策划编辑：陈保华 责任编辑：陈保华 高依楠
责任校对：肖 琳 封面设计：马精明
责任印制：张 博
北京雁林吉兆印刷有限公司印刷
2024 年 12 月第 1 版第 5 次印刷
169mm×239mm · 9.5 印张 · 192 千字
标准书号：ISBN 978-7-111-67523-5
定价：65.00 元

电话服务
客服电话：010-88361066
010-88379833
010-68326294

网络服务
机 工 官 网：www.cmpbook.com
机 工 官 博：weibo.com/cmp1952
金 书 网：www.golden-book.com
机工教育服务网：www.cmpedu.com

科学技术促进了现代工业的快速发展，各行业的机械设备日趋集成化、智能化，机械故障诊断技术呈现出了多学科交叉的特点。随着先进技术和设备的涌现，国内故障诊断技术快速发展，许多学者和研究机构结合国内生产实际取得了一系列成果。进入 21 世纪以来，自动化和复杂系统化诊断技术不断丰富，高新技术产业的发展对机械故障诊断技术研究提出了新的要求。复杂机械系统在工业生产过程和国防建设中使用广泛，它的运转情况关系到整个生产线和相关装备运行的安全可靠性。近年来，因复杂系统关键设备故障而引起的灾难性事故时有发生，迫使各国政府、相关科研人员高度重视对复杂机械系统故障诊断方面的研究。

机械系统运行过程中产生的振动信号通常包含了丰富的设备状态信息，基于振动信号的信号分析方法已广泛应用于机械设备状态监测和故障诊断当中。本书依托陆军工程大学石家庄校区近年来在数字信号处理和故障诊断方面所取得的理论研究和应用技术研究成果，以复杂机械系统中火炮自动机为研究对象，研究振动信号特征提取、特征维数约简和故障诊断等关键技术，系统地阐述了机械故障诊断理论和实现方法，方便读者理解并掌握故障诊断方面的专业知识，也为其他复杂机械设备的故障诊断提供了新的技术途径。

本书共六章。第一章介绍了故障诊断的发展及意义、振动信号处理的发展现状、故障诊断与装备维修，第二章介绍了振动信号的选取、检测与预处理，第三章介绍了振动信号的特征提取和分析，第四章介绍了振动信号的维数约简，第五章介绍了向量机的诊断和优化，第六章介绍了往复机械系统的特性与故障诊断的实现方法。

本书由房立清、杜伟、齐子元、郭德卿、赵玉龙、王斐、吕岩编著。本书的编著参考了大量专家学者已取得的研究成果，在此一并向他们表示衷心感谢！

限于编著者水平，书中难免会有纰漏和疏忽，恳请广大读者批评指正。

编著者

目 录

第一章

绪　论

第一节　故障诊断的发展及意义

一、故障诊断技术发展概述

故障诊断（Fault Diagnosis）就是对装备运行状态和异常情况做出判断。也就是说，在装备没有发生故障之前，要对装备的运行状态进行评估；在装备发生故障以后，对故障的原因、部位、类型、程度等做出判断，并进行维修决策。故障诊断作为一门学科是从20世纪60年代以后发展起来的。1967年，在美国国家航空航天局和海军研究所的倡导和组织下，成立了美国机械故障预防小组（MFPG），开始有计划地对故障诊断技术分专题进行研究。1971年英国成立了机器保健中心，有力地促进了英国故障诊断技术的研究和推广。欧洲的一些国家，如瑞典、丹麦、德国等在故障诊断方面也取得了大量的研究成果。在国内，故障诊断技术开始于20世纪80年代，第一篇故障诊断技术综述文章在1985年发表。随着计算机和信息处理技术的发展，许多高校和科研单位也开始了相关的研究工作，并且取得了大量的研究成果，故障诊断技术稳步发展，一些实用的故障诊断系统相继开发并投入到工程实际中。目前，故障诊断技术在我国的研究水平得到稳步提升，同发达国家的差距也越来越小。

故障诊断技术虽然发展了近50年，但其分类方法没有一个明确的界定。德国杜伊斯堡大学的P. M. Frank教授将故障诊断方法划分为基于解析模型的方法、基于知识的方法和基于信号处理的方法三大类。周东华等将故障诊断技术分为基于解析模型法、基于信号处理法和基于知识法。随着理论研究的深入以及在相关应用领域的发展，上述分类方法已不是特别明确。美国Purdue大学Venkatasubramanian教授将控制系统故障诊断方法分为基于定量模型的方法、基于定性模型的方法和基于过程历史数据的方法三大类，突出了基于数据驱动的故障诊断知识获取方式。赵文浩等也对基于数据驱动的故障诊断方法进行了综述，并将基于数据驱动的诊断方法分为有监督、无监督和半监督三类。清华大学的李晗等以新的视角将故障诊断方法分为基于数据驱动的方法、基于分析模型的故障诊断方法和基于定性经验知识的方法，也突出强调了基于数据驱动的故障诊断方法。如今的装备都是大型复杂的装备，在装备运行过程中，时刻产生着大量的反映装备状态性能的数据，同时，复杂装备的精确诊断模型也难以建立，因此通过分析处理这些数据，可以得到我们需求的信息，从而为装备的状态监测、诊断打下好的基础。鉴于此，本章主要从基于数据驱动这个方面对故障诊断方法进行概述。

二、基于数据驱动的故障诊断方法

基于数据驱动的故障诊断方法不需要考虑精确的数学模型，而是从大量的装备运行过程中得到的正常数据和故障数据出发，通过对数据的分析处理，来实现装备的故障诊断。基于数据驱动的故障诊断方法主要包括统计分析方法、信号处理方法和人工智能方法。

（一）基于统计分析的故障诊断方法

基于统计分析的方法主要依靠分析过程数据统计量，从其中的变化提取特征。当装备没有出现故障时，数据的特征统计量会在可承受的范围内波动，当出现故障时，一些特征统计量会发生较大变化，根据这些变化可以进行故障诊断。有学者将基于统计分析的故障诊断方法分为单变量统计法和多变量统计法，单变量统计法主要是控制图；多变量统计法主要是 PCA、CVA、FDA、PLS 等。

（二）基于信号处理的故障诊断方法

基于信号处理的故障诊断方法就是利用各种信号分析技术，从大量的数据中提取能够反映装备状态的特征进行故障诊断，这些特征主要包括时域特征、频域特征和时频域特征。这些特征的提取都要涉及信号处理方法的选择，这些方法主要包括谱分析、小波变换、希尔伯特-黄变换等。

不同的故障会导致测量信号的频谱表现出不同的特征，因此可以通过对信号的频谱、功率谱、倒频谱、包络谱等谱进行分析来做故障诊断。谱分析在轴承、齿轮箱的故障诊断中得到了大量的应用，并且取得了不错的效果。

以傅里叶变换为核心的传统谱分析方法虽然在平稳信号的特征提取中发挥了重要作用，但是实际系统发生故障后的测量信号往往是非平稳的。而小波变换作为一种非平稳信号的时频域分析方法，既能够反映信号的频率内容，又能够反映该频率内容随时间变化的规律，并且其分辨率是可变的，即在低频部分具有较高的频率分辨率和较低的时间分辨率，而在高频部分具有较高的时间分辨率和较低的频率分辨率。小波变换可以将信号进行多尺度分解来提取故障特征，也可以用于去噪处理，还可以和其他方法结合进行故障诊断。黄兵锋等针对滚动轴承故障特征信息往往被强背景噪声淹没的问题，提出了采用基于多尺度差值形态滤波的形态非抽样小波分解方法提取故障特征，该方法可以有效地提取信号中的故障特征；刘文艺等根据信号和噪声小波变换系数的不同特性，在分析了传统阈值方法局限性的基础上，提出了一种自适应小波消噪方法，仿真信号和轴承故障诊断的实例结果表明该方法可在强噪声背景下消除噪声干扰，有效地提取出滚动轴承的早期故障频率；邵克勇等将小波分解和奇异值差分谱理论相结合进行轴承的故障诊断，仿真结果表明，该方法是一种有效的故障诊断方法。

希尔伯特-黄变换（Hilbert-Huang Transform，HHT）是一种自适应处理非平稳信号的方法，它主要由两部分组成：首先是经验模态分解（Empirical Mode Decomposition，EMD），它主要将信号自适应地分解成若干个固有模态函数（Intrinsic Mode Function，IMF）分量；然后是将得到的IMF进行Hilbert变换，得到各自的瞬时频率、瞬时振幅，进而得到信号的Hilbert谱及其边际谱。HHT主要还是用于旋转机械的故障诊断，随着HHT相关理论的不断完善，其在信号处理方面的优势也将继续保持在故障诊断领域中。

（三）基于人工智能的故障诊断方法

智能诊断技术是在计算机和人工智能的基础上发展起来的。它是一种在知识层次上，以知识处理技术为基础，实现辩证逻辑与数理逻辑的集成、符号处理与数值处理的统一、推理过程与算法过程的统一，通过概念和处理方式知识化，实现设备故障诊断的智能化诊断方法。智能故障诊断技术为解决复杂装备故障诊断提供了强有力的工具。它主要包括专家系统、模糊逻辑、遗传算法、免疫算法、蚁群算法、神经网络、支持向量机以及其他一些人工智能算法。

1. 基于专家系统的方法

专家系统方法不依赖于系统的数学模型，而是根据人们在长期的实践中积累起来的大量的故障诊断经验和知识设计出来的一套智能计算机程序，以此来解决复杂系统的故障诊断问题。当装备发生故障时，根据经验知识，专家系统可以很快地确定故障发生的原因和部位，为维护人员能够迅速即时地进行维护提供了依据。因此在很多领域，一些实用的专家系统相继被开发出来并投入使用。但是，一个实用的专家系统的研制需要较长时间经验知识的积累，开发周期长。另外，专家知识是经过大量实践而形成的，具有复杂性和多样性，使得专家知识很难提炼成规则，这也就限制了其发展。

2. 基于模糊逻辑的方法

在故障诊断中，有些故障和征兆之间的关系往往是模糊的，很难用精确的数学模型来表示，这些故障称为不确定故障。模糊逻辑通过使用隶属度的概念，给这个问题提供了很好的解决方法。在模糊故障诊断中，隶属函数是人为构造的，含有一定的主观因素；另外，对特征元素选择得不合理，诊断精度会下降，甚至诊断失败。所以，一般模糊逻辑都是与其他方法结合起来使用的，如模糊故障树、模糊专家系统等。王可针对作动器故障征兆与故障原因的复杂性和不确定性，将模糊逻辑理论应用于作动器故障诊断，建立了作动器故障诊断的模糊数学模型，该模型简单实用，能有效识别作动器故障；张晓丹在原有专家系统的基础上，利用模糊理论和专家系统相结合的方法，建立了模糊故障诊断专家系统融合模型，并在水轮机故障诊断中得到验证，实验分析表明该模型可准确、有效地解决原专家系统容易出现误判和漏判等问题；孟德华将故障树分析和模糊逻辑有机地结合起来，提出了一种基于故障树分析和模糊逻辑的矿井提升机制动系统故障诊断方法，该方法简单方便，具有一定的价值。

3. 基于神经网络的方法

神经网络是由大量神经元广泛互连而组成的复杂网络系统，主要包括 BP、RBF、ELMAN 等经典网络结构，以及一些改进的网络结构（如 WNN），在故障诊断领域应用广泛。从大量关于神经网络故障诊断的文献可以看出，神经网络在故障诊断领域的应用主要集中在两个方面。一方面是将其作为分类器进行故障诊断，也就是将故障特征作为网络输入，诊断结果作为网络输出，神经网络对故障进行分类。Rajakarunakaran 等将神经网络用于液化石油气罐装过程的故障诊断；宋建辉等利用柴油机润滑油的参数监测搜集润滑油的相关数据，用 BP 神经网络进行故障诊断；窦唯以旋转机械振动状态参数图形为研究对象，依据图形识别技术直接提取和挖掘旋转机械状态参数图形中的特征信息，然后将特征信息输入 RBF 网络进行故障诊断；李建刚等利用 Elman 神经网络实现了煤矿主通风机故障类型的智能分类与诊断；李永龙等先对齿轮故障振动信号进行小波阈值去噪，而后用小波神经网络对其故障进行诊断。另一方面是将神经网络与其他方法结合，组成混合诊断方法，比如遗传神经网络、模糊神经网络等，都得到了广泛的应用。

4. 基于支持向量机的方法

支持向量机（Support Vector Machine，SVM）和神经网络不同，它是建立在统计学理论和结构风险最小化的基础上的，具有很好的泛化能力。同时，SVM 不需要大量的故障样本，这也解决了实际工作中很多装备往往难以得到大量故障样本这一问题。由于 SVM 突出的性能，其在故障诊断领域得到了广泛的应用。赵四化等将支持向量机用于笼型电机转子断条故障检测中，取得了较好的效果；万书亭将小波分解和最小二乘支持向量机结合进行轴承的故障诊断；徐玉秀等在不解体的情况下利用振动信号对汽车发动机进行故障诊断；全睿等以车用燃油电池为对象，运用支持向量机对其进行故障诊断；Wang 等将 HHT 和支持向量机结合对发动机进行故障诊断；Liu 运用概率支持向量机对核电站部件进行状态监测。

在使用支持向量机的过程中，对其性能有重要影响的参数包括惩罚参数 C、核函数及核参数。惩罚参数 C 用于控制模型复杂度和逼近误差的折中，C 取值过大容易出现“过学习”的现象，而 C 取值过小就会出现“欠学习”的现象。当 C 的取值大到一定程度时，SVM 模型的复杂度将超过空间复杂度的最大范围，此时 C 继续增大将几乎不再对 SVM 的性能产生影响。SVM 的核函数包括线性核函数、RBF

核函数、多项式核函数、高斯核函数等，对于构建一个 SVM 模型来说首先需要做的就是选择核函数和核参数。对于不同类型的核函数，SVM 模型所选择的支持向量的个数基本相同，但是其核函数的参数和惩罚因子 C 的选择却对 SVM 模型的性能有着重要影响。如 RBF 核函数的参数 Gamma 的取值就直接影响模型的分类精度，也就是说对于一个 RBF 核函数的 SVM 模型，要想提高其分类精度首先需要考虑的就是如何选择其核函数的参数 Gamma 和惩罚因子 C。

对于模型参数的选择，很多学者相继提出穷举法、交叉验证法、梯度下降法、网格搜索法、遗传算法优化、粒子群算法优化（PSO）。上述方法中，穷举法、交叉验证法因其操作简单被广泛应用，但是对于参数较多的情况来说，它们都有着计算量大、速度慢、效果不好等缺点。梯度下降法比前两种方法在速度上有了很大改善，对其初始点要求较高，而且是一种线性搜索法，因此极易陷入局部最优。网格算法的优点在于可以并行处理，而其缺点为计算量巨大。遗传算法具有鲁棒性强、不容易陷入局部最优的优点，但是其操作比较复杂。粒子群算法则存在易于陷入局部最优导致的收敛精度低和不易收敛等缺点。

针对上述模型参数选择方法的缺点，一些改进的方法也得到了应用。杨柳松提出了基于遗传免疫的改进粒子群优化算法，克服传统粒子群算法前期收敛快、后期易陷入局部最优的缺陷，将优化后的支持向量机用于轴承的故障诊断中，提高了诊断精度；刘璐等提出了一种改进遗传算法的参数优化方法，并应用于某醋酸共沸精馏塔的故障诊断，不仅诊断速度加快，诊断精度也得到了提高。

5. 混合智能故障诊断方法

智能诊断方法在实践中取得了很好的成效，随着研究的深入，这些方法都各有优点和不足，如专家系统专家知识获取困难、模糊隶属度函数的确定以及神经网络缺乏故障样本训练等问题。因此，根据不同人工智能技术之间的差异性和互补性，扬长避短，优势互补，并结合不同的机械信号处理和特征提取方法，将它们以某种方式结合、集成或融合，应用于机械故障诊断，以提高诊断精确性。贾爱芹根据模糊逻辑和 BP 网络各自的优缺点，采用串联方法将二者相结合，实现 ABS 故障诊断系统对不精确或不确定等模糊信息的处理，利用 Matlab 进行仿真，给出了精度较高的诊断结果；阳同光等提出了一种基于混合蛙跳算法脊波神经网络观测器牵引电机故障诊断方法，采用脊波函数作为神经元激活函数，用混合蛙跳算法对网络参数进行优化，结果表明，相比 BP 网络，该方法的收敛速度和诊断精度都具有很大提高；陈法法等提出了一种免疫遗传算法（IGA）优化 Elman 神经网络的故障诊断模型，IGA 可快速准确得到 Elman 神经网络的全局最优权值和阈值向量，提高了故障诊断精度；郑蕊蕊提出了遗传支持向量机与动态疫苗机制的灰色人工免疫算法相结合的电力变压器故障诊断算法，对电力变压器单一故障和多故障都能够有效地分类，提高了电力变压器故障诊断的准确率和速度；肖燕、李淑英都将模糊支持向量机作为故障模式分类器，对故障样本区别对待，有效消除噪声和野点对诊断结果的影响，分别用于变压器和感应电机的故障诊断，均取得了不错的诊断效果；Chen 等利用免疫遗传算法对小波支持向量机的参数进行优化，将优化后的小波支持向量机用于齿轮箱的故障诊断，实验结果表明该方法提高了故障诊断的精度；Tang 等将流行学习和小波熵以及支持向量机结合，对风力发电机组进行故障诊断。

科学技术促进了现代工业的快速发展，各行业的机械设备日趋智能化、集成化，为了应对机械故障诊断所面临的严峻挑战，机械故障诊断技术呈现出了多学科交叉的特点。自 20 世纪 60 年代国外诸多故障诊断研究机构成立以来，多种监测诊断系统不断开发和完善，并得到了广泛的工程应用。早在 20 世纪 80 年代之前，我国早期的故障诊断技术已经开始起步，但还是以人工诊断为主。随着先进技术和设备的引进，国内故障诊断技术快速发展，许多学者和研究机构结合国内生产实际取得了一系列成果，进入 21 世纪以来，自动化和复杂系统化诊断技术不断得到丰富，高新技术产业的发展对机械故障诊断技术研究提出了新的要求。

根据工程应用实际，机械故障诊断的方法和手段在各工程领域各有不同。机械故障诊断首先要对机械设备的状态信号进行监测，常用的诊断方法主要包括利用振动信号的振动检测诊断法，利用声信号的声发射诊断法，利用温度信息的温度检测诊断法，以及利用铁谱信息的油液分析诊断法等。现阶段振动检测诊断法的工程应用最为广泛。不同的故障诊断方法所利用的原理也不同，例如基于统计学分析的方法、基于信息理论分析的方法和基于人工智能的方法等。按诊断模式又可分为离线诊断和在线监测诊断，其中，在线数据反映了工况的实时变化特性，离线数据的信息量相对于在线数据更为丰富和完整，且不会产生单次采样过程造成的测量偏差。考虑工程实际，后续研究内容立足于离线诊断模式。根据故障诊断过程中模型的建立和监测数据的利用途径，从分析模型、专家系统和数据统计等层面对故障诊断方法进行了划分。

故障诊断系统根据诊断对象的不同各有差别，但诊断过程的基本环节大致相同，主要包括信号测取、信号处理及特征提取、故障模式识别以及维修决策等。有针对性地选择并准确测取反映系统运行状态的信号是特征提取和模式识别的前提，通常通过传感器实现；信号处理及特征提取是故障诊断的关键环节，目的是挖掘特征信息与系统运行状态之间的规律，并分离无关特征信息；对故障模式进行识别，实质是区分状态类别，并决定故障诊断的结果。

第二节　振动信号处理的发展现状

故障信号的准确测取是故障诊断的第一步，为保证后面的特征提取与故障模式识别的有效性，需要得到能够正确反映机械设备状态的信号。工程实践表明，不同类型的机械故障在动态信号中会表现出不同的特征波形，振动信号直接反映了设备运行状态的主要信息，在现有机械故障诊断技术中，基于振动信号测量与分析的振动诊断法应用尤为普遍。振动信号的采集具有容易获取、无须将机械设备解体等优点，而且涵盖范围广，不影响设备的正常运行。随着传感器技术、信号处理技术和模式识别技术的发展，故障诊断的准确率大幅提高。因此无论是在轴承、齿轮箱、液压泵等较为简单的机械设备，还是在诸如柴油机、往复式压缩机、发电机组等大型复杂机械设备的故障诊断中，基于振动信号分析与处理的诊断方法都成为最主要的诊断途径。

一、特征提取研究现状

在早期的故障诊断中，由于受信号处理方法的限制，时域和频域成为特征的主要来源。从时域中提取的统计特征参数主要包括均值、均方根值、方差、标准差、最大（小）值、峰值、峰-峰值等有量纲指标以及由它们演变而来的峭度指标、峰值指标、波形指标、脉冲指标、裕度指标等无量纲指标。而频域分析则是通过傅里叶变换将时域信号变换到频域下，进而提取相应的特征参数进行故障诊断。上述时域、频域特征直观、简单、易于测量，在前期故障诊断中取得了显著的效果。在机械设备运行过程中，由于受到载荷、摩擦力、刚度和阻尼等因素的影响，采集得到的振动信号往往具有明显的非线性和非平稳特性。以傅里叶变换为基础的传统信号处理方法只适用于处理平稳信号，用于处理非平稳信号只能得到信号历程平均化的计算结果。要对这些非线性、非平稳信号进行特征分析和提取，单纯从时域、频域或单一尺度来分析平稳信号已经不能满足信号处理的要求。随着非线性、非平稳信号分析方法的研究成果不断出现，许多能够描述非线性、非平稳信号实质的特征提取方法在机械故障诊断中得到了广泛应用，如基于时频分析的特征提取方法、基于时间序列复杂度的特征提取方法和图像特征提取方法等。

（一）时频分析

对非平稳或时变信号的分析方法统称为时频分析，主要包括短时傅里叶变换（Short Time Fourier Transform，STFT）、小波变换（Wavelet Transform，WT）、Wigner-Ville 分布（Wigner-Ville Distribution，WVD）和自适应时频分析方法。

短时傅里叶变换的基本思想是为了达到时域上的局部化，在信号傅里叶变换前乘上一个时间有限的窗函数，并假定非平稳信号在分析窗的短时间隔内是平稳的，用一个在时间上可滑移的时窗在时域和频域上都获得较好的局部性，从而实现时频域联合分析。WVD 可以对信号的不同频率进行细化分析，相比 STFT，它在一定程度上解决了时域和频域的分辨率随着窗口的确定而保持不变的问题，具有很好的时频分辨率，但它采用的是双线性变换，在对多分量信号进行分析时会受到交叉干扰项的抑制。

小波变换是一种时间窗和频率窗都可随尺度变化的时频分析方法，既能对非平稳信号中的短时高频成分进行定位，又可以对低频成分进行分析。在实际的生产、生活和工程领域中，信号的时频分布一般具有频率较高的信号时域分布较短、频率较低的信号时域时间分布较长的自然规律，这意味着所选的基函数具备高频时间分辨率高、频率分辨率低，低频时间分辨率低、频率分辨率高的特点时可以提升对信号的处理效果，小波函数即可通过其尺度因子的变化满足这一要求，所以在故障诊断中得到了更为广泛的应用。小波变换的实质为利用小波基函数与待分解信号做内积匹配，最终可将原信号分解为频带不同的子分量。小波又分为第一代小波、第二代小波、小波包，第一代小波是从频域构造小波基函数，基本变换工具是傅里叶变换；而第二代小波则是采用提升方法完全在时域中构造小波函数，其算法更为简单，运算也更为灵活；小波包分解所得的子信号的频带划分要比小波分解更加精细。涂望明等以对信号进行小波分解为基础，将分解所得的子信号的能量谱作为特征，输入 LS-SVM 进行分类识别，结果表明该方法对雷达接收机故障具备较好的诊断能力；董玉龙在硕士论文中应用第二代小波变换提升小波的方法提取人脸表情的特征，充分利用了提升小波运算量低、结构简单、存储空间小等特点，相比采用 Gabor 小波提取的特征识别准确率提高了 0.4%；郭兴明等将小波包分解、最大 Lyapunov 指数和关联维数以及支持向量机相结合的方法成功应用于医学中对于心音信号的诊断，为医生更加准确地诊断心脏病提供了依据。由以上分析可见，小波变换方法被人们广泛应用到与信号处理相关的不同领域。

常见的自适应时频分析方法主要包括 Hilbert-Huang 变换（HHT）、局部均值分解（Local Mean Decomposition，LMD）和局部特征尺度分解（Local Characteristic-scale Decomposition，LCD）等。HHT 将时间信号经过经验模态分解（EMD）成为一组本征模式函数（IMF），再进行 Hilbert 变换。EMD 具有无须提前确定基函数、可根据信号性质自适应进行分解的性能，在机械故障诊断领域得到了广泛的应用。为克服 EMD 存在的欠包络、过包络和频率混淆等问题，Huang 等随后提出了集合经验模态分解（EEMD）。LMD 是 Smith 等提出的一种新的时频分析方法，它将多分量信号分解为若干个乘积函数（Production Function，PF）的线性组合，从而有效地突出信号局部特征。张亢等对 LMD 方法进行了深入的研究和应用，先后提出了多种基于局部均值分解的故障诊断方法。LCD 是在内禀时间尺度分解（Intrinsic Time-scale Decomposition，ITD）的基础上进行改进的一种新的自适应信号分解方法，能够将非平稳信号分解成不同尺度下的内禀尺度分量（Intrinsic Scale Component，ISC），对信号的局部信息进行有效的表征。对振动信号的 ISC 分量做包络谱分析，仿真信号实验表明，LCD 相比 EMD 和 LMD 具备更高的运算效率和特征提取性能。

（二）复杂度分析

近年来，一些学者从监测信号的本质入手，将复杂度度量方法和信号分析方法结合，用于定量表征机械的故障状态，取得了一系列的研究成果，这其中以熵理论和分形维数理论的特征提取方法最为典型。

熵理论可以用于描述信号的复杂度特征。近年来，人们将熵理论引入故障诊断领域，并作为特征参数对机械设备的状态信息和变化情况进行度量，取得了许多研究成果。YAN 等将近似熵应用于轴承故障监测，建立了振动信号劣化程度与近似熵之间的量化关系，验证了近似熵可以有效表征轴承结构缺陷的严重程度。曹满亮等提取振动信号排列熵作为自动机运行状态的特征参量，实验结果表明，不同工况振动信号的排列熵可区分度较大，可有效用于自动机故障诊断。舒思材等针对多尺度熵在描述信号非均值成分上的缺陷，通过引入层次熵的思想，提出了多尺度最优模糊熵，并作为特征提取的手段应用于液压泵故障诊断，得到了液压泵相邻状态更好的区分度。钟先友等利用本征时间尺度分解方法将齿轮振动信号进行分解，然后对主要分量提取基本尺度熵特征，提高了齿轮故障诊断的准确率。Su 等除了从时域和频域分别提取出奇异谱熵和能量谱熵外，还在小波分析的基础上提出了小波能量谱熵和时频谱熵，并将上述 4 种熵融合成混合熵作为故障分类的特征。张淑清等将 LMD 和近似熵结合，通过计算乘积函数分量（PF）的近似熵构建特征向量，实现了机械不同类型、不同程度故障的诊断。王书涛等通过 GK 模糊聚类对由 IMF 分量样本熵构建的特征向量进行识别，仿真实验和工程实例均验证了该方法的有效性。Zheng 等针对单一尺度下排列熵不能有效表征故障状态的缺陷，通过计算信号不同尺度下的排列熵，得到了不同故障的多尺度排列熵特征。郑近德等在模糊熵和多尺度熵的基础上，定义了多尺度模糊熵，并对其参数选择进行了分析，通过分析轴承不同故障状态的多尺度模糊熵特征，验证了多尺度模糊熵相比近似熵、样本熵和模糊熵的优势。

分形维数（Fractal Dimension）可定量描述分形的自相似程度和复杂程度，是分形几何理论中最核心的部分。非线性动力系统产生的信号在一定尺度范围内具有分形特性，将其结构特征量化为特征参量进行故障诊断是可行的。很多学者应用单分形维数提取特征并用于故障诊断，但单分形分析只能反映振动时间序列的整体信息，对信号的局部特征刻画不足。多重分形理论（Multifractal Theory）能够描述整个分形结构上概率测度分布的比例和不均匀程度，其中，多重分形谱和广义分形维数是多重分形的两种模型，能够很好地体现信号几何特征和局部尺度的精细程度。Denisse 等将多重分形理论用于地震案例分析，研究地震活动的空间分布情况。褚青青等将多分形谱能和广义分形维数谱能作为二维特征向量，输入概率神经网络对齿轮故障进行分类，并验证了提取多重分形维数比提取关联维数作为特征向量具有更高的识别准确率。然而，噪声的存在对分形维数的计算结果影响较大。许多学者引入多尺度自适应分解的方法，通过剔除冗余的单分量来达到降噪的目的。杨宇等利用内禀时间尺度分解算法对振动信号进行分解，选取包含主要信息的分量重新组合，以此作为降噪后的信号并计算关联维数，提高了故障诊断的精度。李琳等对振动信号进行经验模态分解，并根据固有模态分量与原信号的相关性选取主要分量，取得了较好的降噪效果。

（三）图像特征分析

图像特征是通过图像处理技术从图像中提取得到的信息。随着图像处理技术的发展，近年来不少学者将图像处理技术引入了机械故障诊断领域。任玲辉等对基于图像处理的机械故障诊断进行了综述，分析了 CCD 图像、振动谱图像及声像图 3 种图像的获取方法，介绍了典型的图像特征，展望了今后的发展趋势，为后续的研究提供了一定的指导和借鉴。在具体的图像特征提取方法研究方面，Rangaraj 等研究了基于时频图像处理的滚动轴承故障诊断技术，提高了时频分析在故障诊断中的实用性；蔡艳平等采用图像分割理论对柴油机振动信号的时频谱图进行分割，而后选取分割后图像的特征体质心位置、面积、数目和熵作为特征参数对图像进行分类识别；关贞珍等将降噪信号转换为双谱等高线图，利用灰度三角共生矩阵提取轴承不同故障程度双谱图像的纹理特征，为轴承不同程度故障识别提供了新方法；Lu 等利用近场声全息技术建立了齿轮五种故障状态下的声像图，并从声像图中提取灰度直方图特征、灰度共生矩阵特征、灰度-梯度共生矩阵特征等三个方面的纹理特征来反映不同类型的齿轮故障；任金成等通过对称极坐标法将振动信号转换成镜面对称雪花图，对图像分割降噪后，提取质心、方向角、区域面积等特征参数以反映发动机连杆轴承不同程度的磨损故障。

二、特征维数约简研究现状

通过不同的特征提取方法，能够从信号中提取众多的特征参数。但由于一些客观原因，部分特征参数与机械故障不相关，或者特征参数相互之间存在冗余的情况时常出现，在增加故障诊断模型复杂度的同时还会降低故障诊断的精度。为避免陷入“维数灾难”，提高效率并充分挖掘原始数据的本质信息，需要对数据进行有效的维数约简。维数约简技术是数据预处理的重要手段。

（一）线性维数约简和非线性维数约简

维数约简方法利用线性变换或非线性变换，使数据从高维空间映射到低维空间后尽量保持邻域分布信息。在机械故障诊断中，典型的线性维数约简方法主要包括主成分分析（Principe Component Analysis，PCA）、奇异值分解（SVD）和线性判别分析（LDA）等方法，典型的非线性维数约简方法主要包括核主元分析（KPCA）和流形学习方法。

在线性维数约简方法方面，Sun 等通过 PCA 对提取的时域和频域混合特征进行维数约简，得到与旋转机械故障特征密切相关的低维特征，通过决策树准确诊断出了旋转机械的几种典型故障；Jiang 等通过 SVD 对轴承振动信号进行降维处理，提出了奇异值与相邻奇异值之比的故障特征提取方法；李国宾等通过 SVD 对振动信号小波包变换系数进行分解，得到了低维的奇异值特征向量，在此基础上定义的最大奇异值、最小奇异值和平均奇异值等特征参数能够准确地反映柴油机性能的变化；Yen 等将小波包变换后各节点的能量作为原始特征集，采用改进的 LDA 对原始特征集进行降维处理，得到的特征子集对齿轮箱典型故障具有更好的辨识能力；Jin 等提出了基于比值追踪线性判别分析（TR-LDA）的特征维数约简方法，通过对 15 个时域特征参数进行降维处理，实现了电机轴承低维故障特征的有效提取，相比 PCA、LDA 等方法具有明显的优势。

在非线性维数约简方法方面，彭涛等通过 KPCA 对基于小波分析提取的 144 维时域和频域混合特征集进行降维处理，实现了滚动轴承不同类型、不同程度故障的有效识别；刘迎等采用 KPCA 实现了齿轮初期磨损和断齿的故障诊断，相比 PCA，取得了更好的故障诊断效果。

自 2000 年 Tenenbaum 等在 *Science* 期刊上发表关于流形学习概念及方法的论文后，流形学习便被迅速应用到图像处理、人脸识别和机械设备故障诊断等领域中，成为一类重要的维数约简算法，并得到了人们的广泛关注。流形学习主要的算法包括等距映射（ISOMAP）、局部保持投影（LPP）、局部线性嵌入（LLE）和局部切空间排列（LTSA）等。Jie 等将 LPP 算法应用于人脸模式识别，由于 LPP 属于非线性约简算法，所以找到了高维数据的本质流形，提高了模式识别精度；魏宪等利用直接线性 LDA 方法代替多维尺度分析法（MDS），提出了 KIMD-ISOMAP 算法，人脸降维试验的结果表明，算法提高了原始 ISOMAP 的维数约简能力，并且具有更强的鲁棒性；胡建中等通过计算信号的时频域和时域参数组建了原始高维的特征集合，并利用 LLE 算法对特征集合进行维数约简，提取出敏感低维特征子集，并利用 KNN 分类器进行模式识别，最后通过故障诊断实验验证了该诊断方法的有效性；Wen 等将 LTSA 算法应用于滚动轴承故障诊断，对高维特征进行二次提取，提高了故障特征集的识别准确率；Zhang 等提出了一种有监督的 LTSA 算法，将其应用于美国西储大学的轴承故障数据维数约简处理，最终的模式识别结果表明 S-LTSA 算法的维数约简性能优于 PCA、LDA 和原始 LTSA 算法。

Zhang 等受 LTSA 算法的启发，提出了线性局部切空间排列（LLTSA）算法，并利用 Swiss roll 和 S-curve 数据集验证了算法的优势，进一步将算法应用于人脸识别，取得了比 PCA、LPP 和 NPE 等算法更高的识别精度；向丹等将 EMD 信号处理方法与样本熵和 LLTSA 三者结合提取振动信号特征，并采用支持向量机对特征进行分类识别，结果表明模式识别准确率可达 100%，采用 LLTSA 算法降维的过程中既降低了特征的复杂度，又增强了各个故障模式之间的可分性；Su 等将半监督思想和 LLTSA 原始算法相结合提出了有监督的 LLTSA 算法，利用部分已知样本的类别标签信息提高了算法的维数约简能力，使得到的低维特征可分性更高，同时采用 LS-SVM 对四种典型的滚动轴承故障进行分类识别，得到了更好的诊断结果。

非线性维数约简方法相比线性维数约简方法更能够挖掘出数据中的本质属性，应用更为广泛。目前流形学习维数约简方法众多，但大多方法都是无监督的维数约简方法，如何利用部分样本的类别信息以使故障特征集达到最好的维数约简效果，对提高后续模式识别精度具有重要意义。

（二）有监督降维和无监督降维

按照样本中是否含有类别标签，可将降维算法分为有监督降维和无监督降维。典型的无监督降维方法包括主成分分析（PCA）、局部保持投影（LPP）、局部线性嵌入（LLE）和等距映射（ISOMAP）等，该类维数约简方法旨在通过对无类别标签样本的学习找到潜在的结构相似性，在降维的同时保持数据结构特征不变。基于Fisher准则函数的线性判别分析（Linear Discrimination Analysis，LDA）是一种典型的线性监督降维方法，它将最大化样本的类间散度与类内散度之比作为优化目标；MIKA等将核技巧与LDA进行有效融合，提出了能够进行非线性分析的核Fisher判别分析（Fisher Discriminant Analysis with Kernels，KFDA）方法。为解决LDA在多模数据情况下评价能力差的缺陷，许多学者引入局部化的思想，希望用局部线性来逼近数据的全局非线性结构，例如局部Fisher判别分析（Local Fisher Discrimination Analysis，LFDA）和边界Fisher判别分析（Marginal Fisher Analysis，MFA）。

（三）半监督降维

无监督降维方法由于忽略了类别标签的指导，可能导致模型的泛化能力不强，使降维过程存在一定的盲目性；有监督降维方法需要大量的带标签样本，而在工程实践中对样本数据标注类别往往需要耗费很大的代价。半监督降维方法是一种介于无监督降维和有监督降维之间的降维方法，通过无类别标签样本推断数据的内在空间结构，同时利用少量样本的类别标签信息指导调整降维方向。半监督降维方法充分利用数据和资源，克服了无监督学习模型精确度较低和监督学习模型泛化能力较弱的问题。Sugiyama等将LFDA和PCA有效融合，提出了一种半监督局部Fisher判别分析（Semi-supervised Local Fisher discriminant analysis，SELF）算法，兼具LFDA利用类别信息指导降维的优势和PCA获取全局分布的能力；杨望灿等将半监督学习方法引入局部保持投影算法，根据类别标签赋予样本不同的权值，提高了低维特征的识别准确率；杨昔阳等结合模糊化思想和半监督学习方法，将样本隶属于某一类别的程度用权重进行量化，使降维得到的特征集具有较高的识别准确率和稳定性。由于现有的半监督降维方法在工程实际中的应用还不够成熟，依然有一些问题待完善，如采用全局参数构建邻域容易忽略数据局部几何结构的差异性，有类别标签和无类别标签所占权重还需要凭经验设定。因此，对将特征维数约简方法有效应用于机械故障诊断，仍需进一步的研究。

三、故障模式识别方法研究现状

故障模式识别通过判别机械设备的运行状态，确定故障发生的位置及原因。目前，在智能故障诊断技术中应用较为广泛的模式识别方法可分为基于定性经验知识的方法和基于定量的人工智能的方法。在基于定性经验知识的模式识别方法中，比较有代表性的是专家系统，通过运用专家知识和经验进行推理；在基于定量的人工智能的模式识别方法中，较为典型的有模糊逻辑、人工神经网络（Artificial Neural

Network，ANN）和支持向量机（Support Vector Machine，SVM）等。另外，故障树分析法能够进行定量和定性分析，也被认为是一种有效的故障诊断方法。在上述方法中，模糊逻辑靠主观经验构造隶属度；构造故障树时要求分析人员具备较高的逻辑运算能力，以及分析和观察能力。在故障模式识别方法的工程实际中，应用更多的是人工神经网络、支持向量机和相关向量机。

（一）人工神经网络

人工神经网络是由数学神经元构成的一种模型，其模型建立思想源于人脑的生理结构。人工神经网络在处理非线性数据时，具备较强的复杂信息识别能力，例如自组织及自学习能力、联想记忆和并行分布式处理能力等，从而为故障诊断与状态监测提供了新的模式识别手段，具有广阔的应用空间。ANN 在故障诊断领域的应用主要集中在两个方面：一方面是将其直接作为分类器进行故障识别，如宋建辉等通过从监测的柴油机润滑油参数中提取相应特征值，用 BP 神经网络进行故障诊断；窦唯以旋转机械振动状态参数图形为研究对象，通过图像处理技术提取图形中的特征信息，采用 RBF 网络进行故障诊断；李建刚等利用 Elman 神经网络实现了煤矿主通风机故障类型的智能分类与诊断。另一方面是将其与一些智能算法进行组合，通过智能算法对网络结构和参数进行优化和选择，组成混合诊断方法，如相继提出了遗传算法与 ANN 结合、粒子群优化算法与 ANN 结合、模糊集理论与 ANN 结合、蚁群算法与 ANN 结合、人工免疫与 ANN 结合等各种改进优化的神经网络分类器，都在一定程度上提高了 ANN 的诊断精度。

（二）支持向量机

人工神经网络建立在传统统计学的基础之上，而在故障诊断的实际问题中，样本的数量往往有限且分布不均，使人工神经网络的诊断性能存在一定的局限性。SVM 作为建立在统计学理论和结构风险最小化原理基础上的一种新的机器学习方法，自提出以来被广泛应用到机械故障诊断领域。Widodo 等对 1996—2006 年 SVM 在机械状态监测与故障诊断中的应用进行了综述。此后，SVM 及其改进算法的应用也越来越多。刘志川提出了基于谱峭度和 SVM 的齿轮箱故障诊断方法；Tang 等将 Shannon 小波核函数作为 SVM 的核函数，采用流形学习对高维故障特征进行降维，实现了风力发电机组齿轮箱的高精度故障诊断；Wang 等将一个由 7 个 IMF 分类能量、HHT 谱最大幅值和相关频率组成的特征向量输入 SVM 对发动机 7 种故障状态进行了识别。此外，SVM 分类性能由于受参数影响较大，很多学者还将研究的重点放在了核函数参数的优化选择上，一些优化算法和优化算法的改进形式相继被应用，优化后的 SVM 在机械故障诊断方面取得了显著的效果。张翔等利用果蝇优化算法对 SVM 的核函数参数进行优化，滚动轴承仿真实验表明，果蝇优化算法优化的 SVM 比遗传算法和粒子群优化算法优化的 SVM 具有更高的故障诊断准确度；Bordoloi 等利用不同的进化算法优化 SVM 参数，并通过实验对比分析了优化效果；徐中明等将客观评价模型与 SVM 模型相结合，并在构建模型过程中利用粒子群优化算法进行全局参数优化，获得了更优的误差精度。

SVM 采用单核映射方法对样本数据进行统一处理，然而，将 SVM 应用于具有不同特性的数据时，利用不同核函数构建的 SVM 模型可能会得到不同的分析结果。因此如何选取和构造核函数是一大难点，至今没有形成完善的理论基础。针对选取和构造核函数的问题，许多学者将核组合（Kernel combination）的思想融入 SVM 模型的构造过程中，通过构造组合核，综合利用各基本核函数的特性来弥补单个核函数的不足。2002 年，Chapelle 等人首次正式提出了多核学习（Multi-Kernel Learning，MKL）方法的概念，之后 Lanckriet 等提出的多核支持向量机（Multi-kernel Support Vector Machine，MSVM）能够对不同的特征用不同的核函数进行映射。在单核 SVM 模型中，决策函数的可解释性不足，而多核模型在有效地解决了这一问题的同时，相比单核模型能够表现出更好的性能。多核支持向量机将如何描述核空间映射转化为如何选择基本核及其权系数的问题，在某一程度上解决了核函数的构造和选取问题。郭创新等将组合核 SVM 模型分解为 2 个凸优化问题进行求解，降低了模型构造和参数选择的难度；陈法法等对齿轮箱振动信号的混合域特征集融入高斯噪声，验证了多核支持向量机的泛化推广能力；郑红等将组合核函数分别作用于单个特征和全部特征，训练得到的多核支持向量机能够准确识别滚动轴承故障类型。在工程实际中，对于核函数参数的选择及各核函数权系数的选取，目前尚无成熟的理论体系，往往只能根据早期的经验甚至对相关参数进行遍历搜索来寻找最优方案。针对这一问题，许多学者通过建立目标函数，利用梯度法、遗传算法和粒子群算法等一些较成熟的智能优化算法对 MSVM 的参数进行优化，有效提高了 MSVM 的自适应诊断能力。

MSVM 的目的是使模式识别模型具有更强的收敛能力和更高的辨识精度，然而当前的一些基于 MSVM 的模式识别方法还存在许多未解决的问题，如在核函数的选择与组合上缺少依据可循，合成核方法对样本的不平坦分布仍无法很好解决，采用优化算法会使学习时间成倍增加。因此，对 MSVM 中核函数及其参数的选择、核函数权重系数的优化及多分类模型的设计展开研究，对 MSVM 在故障诊断中的实际应用具有重要意义。

（三）相关向量机

尽管支持向量机在故障诊断等领域的应用非常广泛，但仍存在着些许的不足，例如其支持向量的个数伴随着训练样本集数量的增长呈现出线性增长的趋势，SVM 核函数的选取受 Mercer 条件限制等，这些都在一定程度内限制着 SVM 的使用。相关向量机（RVM）是一种基于 Bayesian 统计理论并且与支持向量机函数形式相似的机器学习方法，相关向量机的泛化能力比 SVM 更强，而且可以为诊断对象提供概率式输出，与 SVM 相比为诊断模型提供了更多的决策信息。此外，RVM 还具备核函数的选取不受 Mercer 条件限制等优点，目前在故障诊断领域中也得到了学者们的广泛关注。任学平等将利用小波包最优熵提取的轴承振动信号特征用于多分类相关向量机的训练学习，测试结果表明 RVM 可较精确地实现轴承故障诊断；朱永利等利用组合核相关向量机对变压器的故障进行诊断，取得了比 BP 网络和 SVM 更好的诊断效果；沈默对相关向量机的预测和分类理论进行了系统的研究，并采用量子粒子群算法对 RVM 的核参数进行优化，最后应用 QPSO-RVM 分类模型对航空发动机的故障进行诊断，得到了理想的结果；经验证，在一定情况下，GA-RVM、PSO-RVM 的分类识别正确率要高于 GA-SVM。由于相关向量机应用于故障诊断领域的时间相对较短，其真正得到完善仍需要广大学者做大量的工作。

第三节 故障诊断与装备维修

一、机械故障诊断技术与装备维修

随着新军事变革的不断深入，我军武器装备建设和发展进入一个崭新时期，大量新型武器装备相继“成建制、成系统”地列装部队。我国自主研制的多型数字化新型武器系统集机械、雷达、光电和信息科学等高新技术于一体，其复杂程度和单位容积所占有的元器件数量较高。这样高新技术密集的装备，一方面显著提升了装备的性能，另一方面也对部队装备的维护使用提出了更高的要求。武器装备的大型化、复杂化和集成化使装备的健康状态检测及维修保障工作面临着更加严峻的考验。如何确保这些重要装备形成“战斗力、保障力”，能随时处于完好状态以遂行作战任务，成为装备建设的核心问题之一。

为提高装备维修的效率，军事发展要求武器装备保障从故障后维修和定期维修体制向视情维修与预防维修体制转变。机械故障诊断技术的发展促进了该变革的实现。机械故障诊断学借助机械、电子、信息科学和人工智能等技术成果，利用机械故障诊断中的理论与技术方法快速、有效地实现故障诊断成为研究的热点，并在复杂机械设备的故障诊断中得到了广泛应用。现代故障诊断技术通过分析故障机理选取故障特征信号，并制订合理的信号采集方案，通过信号特征提取和特征维数约简获得可识别率高的故障特征集，进而利用模式识别技术建立故障诊断模型，对多种故障实现有效的诊断识别。许多研究工作将现代故障诊断技术应用到武器系统的故障诊断中，对提高武器系统的装备保障水平和武器装备的信息化建设具有重要的应用价值，同时也为其他复杂机械设备的故障诊断提供了新的技术途径。

二、自动机故障诊断研究现状

目前，对机械设备产生的线性、平稳振动信号进行处理的研究较多，且利用具有特征频率的振动信号进行故障诊断的研究方法已经较为丰富和成熟。然而，武器系统常常伴随着复杂的非线性、非平稳信号，尤其是火力系统进行射击时产生大量的短时冲击信号，对利用振动信号处理方法进行故障诊断提出了更高的要求。

自动机作为一种在高炮、航炮、舰炮等自动武器中常见的军事装备，其状态监测和故障诊断备受国内外的关注。自动机是火力系统的核心部分，属于典型的复杂往复机械系统。在射击过程中，自动机在火药气体作用下完成开锁和闭锁、开闩和关闩、抽筒和抛筒、击发等动作，内部各零部件在运动过程中具有严格的时序性。自动机运动过程中经常伴随着激烈的撞击、摩擦、振动和跳动等，再加上实际使用过程中会受到高温、高压和强冲击等恶劣工作条件的影响，使自动机的组件出现磨损、失效等状态的故障率较高。由于自动机零部件较多且大部分安装在狭小的空间内，发生故障造成自动机不能正常工作后，故障位置及故障原因难以及时确定，故障不能迅速排除，致使装备无法遂行军事任务，甚至造成重大安全事故。尽早发现并诊断自动机故障，对提高部队战斗力和提高装备保障水平具有重要意义。

在实际射击时，除了强烈的背景噪声外，各零部件的高速运动、撞击和振动响应经不同的传递路径到机箱表面并叠加在一起，且相互干扰，使传统的测试和诊断方法难以有效地应用。传统的自动机维护检测方式如“看、摸、听”和开箱解体，维修周期长，成本高，无法满足军事发展对装备保障水平的要求。利用性能参数、频谱分析、铁谱分析等方法对故障进行定位需要复杂的滤波和频谱分析设备。故障树分析方法具有直观、灵活的特点，能够应用于自动机的故障诊断，如戴涌等分析了某自动机异常发射的各种可能原因，通过建立故障树对每种原因进行逐一排查，实现了故障部件的定位。然而，利用故障树进行故障诊断需要丰富的经验知识和大量的数据，反复实验和逐一排查的过程降低了故障诊断的效率。随着计算机技术的进步，基于虚拟样机技术的自动机仿真实验得到了迅速发展。李杰仁等利用动力学软件 ADAMS 建立了自动机虚拟样机模型，分析了自动机闩体系统的动力学特性，并通过与物理样机实测数据进行比较证实了虚拟样机技术可有效应用于自动机的分析研究；李鹏通过对自动机动力学模型的仿真计算结果与实测结果进行比较，验证了该动力学模型的可靠性，为自动武器模拟实验提供了新的思路。然而，虚拟实验无法完全模拟自动机的实际工作环境，存在一定的局限性。

近年来，随着机械故障诊断技术的发展，大量现代信号特征提取和模式识别方法被相继发掘出来，并被推广到机械设备故障诊断领域，取得了一定的成效。国外在自动武器的可靠性方面研究较多，而在自动机故障诊断方面的研究较少。在国内，主要是中北大学的课题组在国家自然科学基金（No. 51175480）的资助下取得了许多研究成果，在该课题组的研究中，主要以高速自动机的振动信号分析为主，通过不同的方式处理信号，提取振动信号的故障特征从而表征自动机工作状态信息，最后采用不同的机器学习方法对特征进行模式识别，有效实现了自动机的故障诊断。都衡等运用具有自适应特性的局域波对信号进行分解得到 IMF 分量，提取局域波特征空间谱熵、边际谱熵和时频熵作为故障特征，并输入遗传算法优化的支持向量机进行故障分类识别；潘铭志等通过提取小波能谱熵、小波奇异谱熵和小波时间熵作为故障特征参量，结合模拟信号的仿真分析验证了所提故障诊断模型的有效性；潘宏侠等将混沌理论引入自动机的故障诊断，运用 Lyapunov 维数、关联维数和 K 熵等混沌参量提取出实测信号的特征，训练 Elman 神经网络进行故障模式识别；张玉学等对自动机的振动信号进行 EEMD 分解，提取主要 IMF 分量的能量比作为特征值，并利用模糊 C 均值聚类实现了自动机故障状态的准确识别。

此外，Wang 等首先利用小波包对自动机振动信号进行降噪处理后继续对信号进行小波包分解，然后提取各个子频带分量的能量熵作为信号特征，最后采用模糊聚类算法进行分类识别，结果表明该种特征提取方法能够有效地反映自动机的工作状态，模糊聚类算法可以较准确地识别故障类型，具有较强的工程应用价值。孙宽雷等采用改进的小波分析单子带重构算法对舰炮自动机振动信号进行处理，结果表明，该方法可有效克服频率混淆，能够明显区分出自动机正常信号与故障信号的区别；姜旭刚等对自动机振动特点和故障模式进行了分析，并且将小波分解理论用于自动机振动信号处理，诊断结果表明，采用小波分解与包络谱相结合的方法从时频域提取特征信息能够准确反映自动机是否运行异常。

大量研究表明，自动机工作时产生的非线性、非平稳的振动信号含有丰富的工况信息，并在一定尺度范围内具有分形特性。许多学者应用分形理论在非线性行为的定量描述中做了许多探索和研究，验证了将自动机振动信号量化为分形维数进行故障诊断的可行性。兰海龙等将局域波分解和分形理论相结合，通过求解各模式分量的关联维数，有效提取了自动机的状态特征；Zhang 等利用提升小波分解对振动信号进行分解和重构，然后以时频域能量的形态学分形维数为特征，准确地区分了故障类别；胡敏等通过对信号的分形特点进行探讨，提出了利用关联维数和盒维数提取自动机振动信号特征的方法，实践证明该方法可有效判别自动机工作状态。

通过对基于振动信号分析的自动机故障诊断方法进行分析和总结，结合复杂往复机械的故障诊断特点，归纳出现有的自动机故障诊断方法仍存在以下不足之处：

（1）特征提取方面　现阶段对自动机振动信号的特征提取大多是基于时域、频域或时频分析，特征提取的角度较为单一。在自动机的运行过程中，各种部件的振动响应相互叠加，如果仅从单一角度提取特征可能无法充分反映工况信息，影响故障诊断的准确度。

（2）特征维数约简方面　自动机振动信号的非线性、非平稳性增加了对其进行故障诊断的复杂性，因此应从各个角度描述信号的本质属性。而从多角度提取故障特征往往会导致特征集包含非敏感特征和维数过高，影响故障诊断的效率和精度。因此，针对如何选取可分性高的故障特征、减少特征间的冗余，仍需进一步的研究。

（3）故障模式识别方面　目前在自动机故障诊断领域应用较多的模式识别方法对样本数据需求量大，而获取大量的实测数据代价昂贵。针对自动机样本数据的特点，现有的模式识别方法在参数选取和模型建立上仍存在一定的盲目性。因此，进一步探索小样本条件下的自动机故障模式识别方法具有较大的应用价值。

综上所述，为有效实现自动机故障诊断，应结合自动机故障机理，从多个角度充分提取振动信号特征，并通过维数约简尽可能地减少冗余特征，挖掘特征集的本质结构，最后通过优化基于小样本数据的模式识别方法建立故障诊断模型，对自动机故障状态进行准确识别。

振动信号的选取与检测

第一节 概　　述

机械设备运行的状态和方式以信号为载体，并依靠物质能量进行传递。人们要获取机械设备的信息，就需要借助信号的传递。因此，采集反映系统故障的信息是进行故障诊断的第一步。

与机械设备运行状态有关的物理量往往由传感器测得，例如加速度、位移、温度、电压和光谱等。在机械设备运行过程中通过数据采集装置采集的信号往往包含大量非监测部件的干扰，使故障信息淹没在复杂的工况中。因此，需要选择有效的信号选取和检测方法。另外，在对信号进行分析处理之前，必须进行预处理工作，以便发现和处理数据中可能存在的各种问题。在信号采集过程中尽可能地滤除噪声，提高信噪比，提取淹没在噪声中的有用信息，有利于获得正确的分析结论。

在对故障系统进行检测时，需要在传感器和系统之间合理搭建信息采集和传输线路。信息采集和传输线路所需的传感器类型、采集方式及接口电路需要根据信号监测和系统性能的指标来确定，故而选取合理的监测信号并对采集到的信号进行预处理是故障诊断的前提。

第二节 振动信号的选取

在进行特征信号的选择时，应考虑信号的敏感性和实时性。根据机械设备的结构特征及技术特点，常用的监测信号有振动信号、位移信号、油液信息、温度信息和声信号等。

（1）振动信号　振动信号能够在设备不解体的情况下进行采集，传感器的安装较为方便，涵盖范围广且不影响设备的正常运行。近年来，传感器技术和信号处理技术日新月异。在复杂机械设备的故障诊断领域，采用合理方法对振动信号进行分析，大幅提高了故障诊断的精确度，成为信号分析与处理的主要途径。

（2）位移信号　通过对运动部件的位移进行记录和分析，并与正常工况下的位移信息进行对比，能够为判断工作状况的变化提供依据。然而，位移信息对于微弱故障的敏感性不强，且难以反映内部零部件的局部变化。

（3）油液信息　通过对液体工作介质和磨损微粒进行分析，能够获得被监测对象的工况信息。但油液分析需要复杂的光谱或铁谱分析设备，成本较高，受人为因素的影响较大。

（4）温度信息　机械结构中往往含有很多对摩擦副，这些对摩擦副在频繁的摩擦中会产生较多的热能，在不同状态下的温度变化会存在一定差异。温度信号可实现不停机监测，但对外部环境的温度要求较高，监测条件的变化会降低温度信号的稳定性与有效性。

（5）声信号　声信号采集属于非接触式采集，适用于不便安装传感器的场合。声信号受环境噪声干扰大，而复杂机械设备往往工作环境恶劣，且噪声大、干扰多，因此不适于进行声信号采集。

许多机械设备内部空间狭小，工作过程中冲击过载大、工况复杂，反映内部零部件状态变化的特征信号不易测取。振动信号作为工况信息的载体，能够体现故障类型的差异，从而表现为特征波形的差异。机械设备在运行过程中伴随有大量的激振源，非正常工作状态的振动响应会通过一定的途径向外传递，因此只需将采集振动信号的传感器安装在外部结构上，且不同故障模式会对振动响应的高频成分或低频成分产生影响，使状态信息通过振动信号得以体现。另外，离线数据的信息量相对于在线数据更为丰富和完整，因此在能够利用振动信号进行故障诊断的情况下，其他形式的监测信号在状态信息的反映上或信号采集的便捷性上皆不如振动信号。

第三节　振动信号的检测

在以振动信号为特征信号的状态监测技术中，传感器的安装和测点的布置决定了采集到的信号具有何种频率和幅值，一般应满足的要求如下：

1）测点与激振源的距离尽可能近。

2）选择开阔、平坦的表面空间，以便于传感器的安装。

3）待测振动方向与传感器惯性质量运动的方向一致。

传感器最优测点选择的步骤如下：

1）选取数据分析区间。

2）确定测点评价指标。选取对信号特征敏感的特征作为评价测点的指标，设时域信号为采样点数为 N 的离散时间序列 x_i，$i=1$，2，…，N，则指标值为

$$t=\frac{1}{N}\sum_{i=1}^{N}(x_i-\bar{x})^4 \tag{2-1}$$

式中，$\bar{x}$ 为 x_i 的均值。

假设实验中安装两个传感器各有3个待选测点，共有9种测点组合。计算每种测点组合2个传感器测得振动信号时间序列的指标 t_1、t_2，组成该测点的二维特征 $t=(t_1,\ t_2)$。采用不同类的类间距离平均值和类内距离平均值的比值作为评价指标，即同一类的类内距离平均值越小，不同类的类间距离平均值越大，则可区分性越好。设每种测点组合在每类故障状态下各进行 L 次重复实验，则第 i 个测点组合，第 j 类故障样本的类内距离为

$$d_{i,j}=\frac{1}{L(L-1)}\sum_{m,n=1}^{L}\|\boldsymbol{t}_{i,j}(m)-\boldsymbol{t}_{i,j}(n)\|^2 \tag{2-2}$$

第 i 个测点组合，全部 M 类故障样本的类内距离平均值为

$$D_i=\frac{1}{M}\sum_{j=1}^{M}d_{i,j} \tag{2-3}$$

第 i 个测点组合，第 j 类故障样本的类间平均值为 $\boldsymbol{q}_{i,j}=\frac{1}{L}\sum_{n=1}^{L}\boldsymbol{t}_{i,j}(n)$，则第 i 个测点组合，全部 M 类故障样本的类间距离平均值为

$$D_i'=\frac{1}{M(M-1)}\sum_{u,w=1}^{M}\|\boldsymbol{q}_{i,u}-\boldsymbol{q}_{i,w}\|^2 \tag{2-4}$$

则第 i 个测点组合的评价指标为

$$J_i=\frac{D_i'}{D_i} \tag{2-5}$$

3）确定最优测点。设两个传感器的测点对评价指标的影响相互独立且无交互作用，则可以利用双因素方差分析推断不同测点对评价指标的影响程度，然后找出最优测点组合。

每种测点组合在每类故障状态下进行多次重复实验，得到各测点组合的指标值见表2-1，然后进行双因素方差分析，指标见表2-2。

表2-1 各测点组合的指标值

测点	A1	A2	A3
B1	J_{11}	J_{21}	J_{31}
B2	J_{12}	J_{22}	J_{32}
B3	J_{13}	J_{23}	J_{33}

取显著性水平 $\alpha=0.05$，查 F 分布表，可得 $F_{0.05}$（2，9），比较 F_A 与 $F_{0.05}$、F_B 与 $F_{0.05}$，即可判别两个传感器的不同测点对评价指标的显著影响程度，即所选测点是否可以较为敏感地反映自动机的状态变化。依据选取最大指标值的原则，选取最优测点。据此，在对自动机实际装置进行信号采集时，即可选择相同的测点以及传感器安装方法。

表 2-2　双因素方差分析指标

来源	平方和	自由度	均方和	F 值
传感器 A	M_1	2	S_1	F_A
传感器 B	M_2	2	S_2	F_B
误差	e	4	E	—
总计	S	9	—	—

第四节　振动信号的预处理

一、数据分析区间

当使用加速度传感器采集机械设备运行过程中的振动信号波形时，为了进一步突出信号特征，往往需要对采集的振动信号进行分析区间选取。

分析振动信号波形可知，通常情况下加速度传感器采集的振动信号波形中存在冲击成分，时序上具有一定的可分割性，且在采集到的所有信号样本中均存在类似的特征。首先应对信号的起始点进行选择。通过分析信号的时序振动特点，可以得到信号中主要振动成分所在的大致区间，于是可以选择振动信号幅值的绝对值达到既定指标时的数据点作为数据分析区间选取的起始点。在选择终止点时，所选分析区间的采样点数会影响数据分析的效率，因此选取振动信号无明显波动时的位置作为区间终止位置。

所选数据分析区间应当涵盖工作中的主要过程，从而尽可能地从时域振动信号波形初步区分出各个状态之间的差异，有利于对信号的进一步分析处理。

二、可重复性分析

数据的可重复性是指信号测取过程中的参数设置完全相同时，所获得数据的相似性程度。当数据的可重复性较好时，同一类别数据之间存在的差异应在允许范围内或者基本无差异，此时说明实验过程设计较为合理，所获取的数据具备较好的一致性；当可重复性较差时，说明误差较大，表明实验设计过程中存在纰漏致使数据出现一定程度的随机性，此时需要对实验进行重新设计。复杂机械设备故障诊断技术研究难度较大，故障数据样本相对贫乏，相关的数据分析理论中缺乏评价数据可重复性的成熟标准。根据以上分析，以振动信号的幅值作为评价数据可重复性的指标，通过计算其幅值的最大相对误差和平均相对误差实现对数据的可重复性评价。

对于数据 $x=[x_1, x_2, \cdots, x_n]$，最大相对误差计算公式为

$$\Delta_1=[(\max(x)-\min(x)/\max(x)]\times 100\% \tag{2-6}$$

平均相对误差计算公式为

$$\Delta_2 = \left[\left(\sum_{i=1}^{n} (|x_i - m|) \right) / (mn) \right] \times 100\% \tag{2-7}$$

其中
$$m = \left(\sum_{i=1}^{n} x_i \right) / n$$

根据式（2-6）和式（2-7）对所测取的样本数据进行幅值误差计算，从每类数据中随机选出 k 组样本，计算每一类 k 组幅值的最大相对误差和平均相对误差。

分析每类数据的最大相对误差和平均相对误差，若均在规定的误差范围内，则可认为误差较小，据此可判断采集的数据具有良好可重复性，可以为后续的故障诊断技术研究工作提供较为可靠的数据来源。

第三章

振动信号的特征提取

第一节　概　　述

特征提取是实现状态监测和故障诊断的关键环节。监测信号中包含大量的工况信息，选用合理的特征提取方法并从中提取出与故障相关的特征参量，有利于提高故障模式识别的精确度。然而，由于机械工作环境的特殊性，使得故障信息往往淹没在复杂的工况中，不利于故障特征的有效提取。提取角度单一的特征提取方法无法充分反映监测对象的运行状态，并不能全面地表述某种信号的故障特性，无法满足故障模式识别的要求。

早期的特征提取方法往往以计算信号的均值、方差及波形指标和峭度指标等一些简单的时域参数为基础，特征提取能力存在着一定的局限性，伴随着非线性分析方法的出现，一些能够描述信号本质属性的参数被广泛应用到机械设备故障诊断中，例如分形理论中的分形维数可以描述信号的自相似属性，熵理论可以描述信号的复杂度特征。

从多个角度提取每种运行状态的特征信息，能够保持特征提取的全面性，从而挖掘信号中的深层次信息，提高故障诊断的精确度。本章主要介绍时频域、复杂度域、时频分析和图像特征分析等特征提取方法。

第二节　时频域特征提取

反映自动机故障状态信息的振动信号在箱体表面相互叠加，而故障状态的变化会对振动信号的时域波形和频率成分产生一定程度的影响，因此振动信号的时域和频域参数也包含了一定的故障信息。结合采取的振动信号的特点，选取能够较为敏感地反映状态信息的时频参数，作为特征集的重要组成部分，能够更加全面地提取自动机振动信号特征。

当机械设备发生故障时，振动信号的幅值及频率成分会随着故障的产生而发生变化，通过从信号的时域波形和频谱中提取的相关特征参数可以反映自动机的故障信息。本节主要从众多的时域和频域统计特征中选择 8 个时域特征和 4 个频域特征进行介绍，分别用 $t_1 \sim t_{12}$表示。

一、时域特征

时域信号的形式较为直观，且其相关参数易于获取、计算简单，可用于故障诊断的初步分析。假设有振动信号序列 x_i，$i=1$，2，…，N，N 为振动序列的样本点数，几个常用时域特征参数的计算公式如下：

（1）峰值

$$t_1 = \max |x_i| \tag{3-1}$$

（2）均值

$$t_2 = \sum_{i=1}^{N} x_i / N \tag{3-2}$$

（3）均方根值

$$t_3 = \sqrt{\sum_{i=1}^{N} x_i^2 / N} \tag{3-3}$$

（4）峭度指标

$$t_4 = \frac{1}{N} \sum_{i=1}^{N} (x_i - \bar{x})^4 / t_3^4 \tag{3-4}$$

（5）裕度指标

$$t_5 = t_1 \Big/ \left(\frac{1}{N} \sum_{i=1}^{N} \sqrt{|x_i|^2} \right) \tag{3-5}$$

（6）波形指标

$$t_6 = t_3 \Big/ \left(\frac{1}{N} \sum_{i=1}^{N} |x_i| \right) \tag{3-6}$$

（7）脉冲指标

$$t_7 = t_1 \Big/ \left(\frac{1}{N} \sum_{i=1}^{N} |x_i| \right) \tag{3-7}$$

（8）峰值指标

$$t_8 = t_5 / t_1 \tag{3-8}$$

在上述时域参数中，方差随着机械设备非平稳信号的波动发生变化，反映了信号中的动态成分；幅值的平方与信号的能量有关，故均方根值反映了动态信号的强度，且具有较好的稳定性；峭度对信号的冲击成分较为敏感，可有效描述自动机振动信号的动态特性。

二、频域特征

假设f_j为振动信号序列x_i的频谱，$j=1$，2，…，K，K为谱线数，f_j是第j条谱线的频率值，其对应的频率幅值为X_j。则所选4个频域特征参数的计算公式如下：

（1）平均频率

$$t_9=\sum_{j=1}^{K} f_j/K \tag{3-9}$$

（2）中心频率

$$t_{10}=\sum_{j=1}^{K}(f_jX_j)/\sum_{j=1}^{K}X_j \tag{3-10}$$

（3）均方根频率

$$t_{11}=\sqrt{\sum_{j=1}^{K}(f_j^2X_j)/\sum_{j=1}^{K}X_j} \tag{3-11}$$

（4）标准差频率

$$t_{12}=\sum_{j=1}^{N}((f_j-t_{10})^2X_j)/\sum_{j=1}^{N}X_j \tag{3-12}$$

上述12个时域和频域特征参数中，峰值为信号的最大值，均值为信号的平均值；均方根值的稳定性较好，但对机械早期故障不敏感；峭度、裕度和脉冲等指标对脉冲信号的瞬态冲击特性较为敏感，且随着故障程度的增加而增加，但当故障达到一定程度后，稳定性会降低；波形指标同裕度指标相反，稳定性较好而敏感性较差；平均频率反映的是频域振动能量的大小；中心频率和均方根频率反映的是信号主频带位置的变化；标准差频率建立在平均频率的基础之上，反映的是信号频谱的集中或分散程度，通过结合信号频域能量分布的平均指标来表述信号频谱的分散或集中情况。

以上时频参数在信号的时域或频域分析中具有一定的代表性，通过对时间序列及其频谱的统计分析，能够表征信号的某些物理本质。将不同的时频参数融合进故障特征集中，可以使得这些指标的特征表达能力优势互补，从而使特征提取更加多元化，有利于提高故障诊断的识别精度。

第三节　复杂度域特征提取

一、熵理论

（一）相对关联距离熵

相对关联距离熵H_d作为一个无量纲的参量，在一定程度内能够准确地反映相空间中相点分布的疏密程度，其计算方法如下：

1）首先对一维离散时间序列进行相空间重构，并计算相点对之间的距离 d_{ij}。

2）统计相点对之间距离的最大值，并利用最大距离 d_{m} 对 d_{ij} 进行归一化处理：

$$\overline{d_{ij}}=\frac{d_{ij}}{d_{\mathrm{m}}} \qquad i,j=1,2,\cdots,N \tag{3-13}$$

3）定义绝对关联距离熵：

$$C_h=-\sum_{i=1}^{N-1}\sum_{j=i+1}^{N}\overline{d_{ij}}\log\overline{d_{ij}} \tag{3-14}$$

4）统计绝对关联距离熵中的最大值定义为最大绝对关联距离熵 C_H，利用 C_H 对 C_h 进行归一化，最终可得到相对关联距离熵 H_d：

$$C_H=-\sum_{i=1}^{N-1}\sum_{j=i+1}^{N}\frac{|i-j|}{N-1}(\log|i-j|-\log(N-1)) \tag{3-15}$$

$$H_d=\frac{C_h}{C_H} \tag{3-16}$$

（二）Kolmogorov 熵

Kolmogorov 熵在表述非线性系统的混沌特征方面占据着至关重要的地位，定义为描述非线性系统产生信息快慢程度和多少的物理量。自动机在工作时，其工作状况的改变将致使自动机振动形态的混沌特性发生变化，进而影响所测取的箱体振动信号，最终反映为信号的 Kolmogorov 熵产生变化。

Grassberger 和 Procaccia 提出了 Kolmogorov 熵可用二阶 Renyi 熵（K_2 熵）来近似，并且得出 K_2 熵与关联积分 $C_m^2(r)$ 存在下列关系：

$$K_2=-\lim_{\tau\to 0}\lim_{r\to 0}\lim_{m\to\infty}\frac{1}{m\tau}\log_2 C_m^2(r) \tag{3-17}$$

式中，m 为对离散时间序列进行相空间重构时的嵌入维数；τ 为延迟时间。

根据 $\lim\limits_{r\to 0}C_m^2(r)\propto r^D$ 可得

$$\lim_{r\to 0}\lim_{m\to\infty}C_m^2(r)=l^D 2^{-K_2 m\tau} \tag{3-18}$$

算法暂不考虑式（3-18）左边的极限，在重构时的嵌入维数变化至 $m+d$ 维的情况下与式（3-18）相减，可得

$$K_2=\frac{1}{d\tau}\log_2\frac{C_m^2(r)}{C_{m+d}^2(r)} \qquad r\to 0,d\to\infty \tag{3-19}$$

式（3-19）就是用 K_2 熵近似 Kolmogorov 熵的公式。

（三）基本尺度熵

基本尺度熵作为一种用来描述时间序列复杂度的方法，具有所需数据量少、计算量小和抗干扰能力强等优点，对于非平稳信号的分析具有一定的优越性，已经有效应用于生物医学和机械故障诊断等领域。针对自动机振动信号的非平稳特性，本

部分将基本尺度熵引入自动机振动信号的特征提取。

假设给定时间序列 $u:\{u(i):1\leqslant i\leqslant N\}$ 的数据长度为 N，下面是对其计算基本尺度熵的具体步骤。

1）重构数据集。

从时间序列中选取 m 个连续数据，对于每一个 $u(i)$，以如下方式重构为一个 m 维矢量：

$$X(i)=[u(i),u(i+1),\cdots,u(i+(m-1)L)] \tag{3-20}$$

式中，m 为时间序列的嵌入维数；L 为延迟时间。

从式（3-20）中可以看出，当选取 $L=1$ 时，则 m 维矢量的个数为 $N-m+1$。

2）计算基本尺度。

对于每一个 m 维矢量的时间序列，计算相邻两点间的差值方均根，并定义为 m 维矢量的基本尺度 $B_S(i)$：

$$B_S(i)=\sqrt{\frac{\sum_{j=1}^{m-1}[u(i+j)-u(i+j-1)]^2}{m-1}} \tag{3-21}$$

3）划分符号。

由基本尺度可将划分符号的标准记为 $a\times B_S$，对于每一个 m 维矢量，通过特定的方式转换为符号序列 $S_i(X(i))=\{s(i),\ s(i+1),\ \cdots,\ s(i+m-1)\}$，其中 $s\in A(A=0,1,2,3)$，该转换方式定义为

$$S_i(X(i))=\begin{cases}0:\bar{u}<u_{i+k}\leqslant\bar{u}+a\times B_S\\1:u_{i+k}>\bar{u}+a\times B_S\\2:\bar{u}-a\times B_S<u_{i+k}\leqslant\bar{u}\\3:u_{i+k}\leqslant\bar{u}-a\times B_S\end{cases} \tag{3-22}$$

$$i=1,2,3,\cdots,N-m+1;k=0,1,2,\cdots,m-1$$

式中，$\bar{u}$ 为每一个 m 维矢量 $X(i)$ 的均值；B_S 为相应 m 维矢量 $X(i)$ 的基本尺度；a 为尺度因子。

值得注意的是，式中的 0，1，2，3 等数字仅用来标记每个划分的区域，其数值大小无实际意义。式中的参数 a 为尺度因子，其不同的取值会对动态信息的捕捉产生影响，通常通过测试的方法得到。

4）统计符号序列的概率分布情况。

对 3）中 m 维矢量符号序列 S_i 的概率分布情况进行统计，由于 S_i 所包含的 m 维矢量有 0，1，2，3 共四种，因此 S_i 的组合状态 π 共有 4^m 种，这里 π 代表每一种分布状态。在全部 $N-m+1$ 个 m 维矢量中，每一种组合状态所占的概率为

$$P(\pi)=\frac{n(t)}{N-m+1} \tag{3-23}$$

式中，$n(t)$ 表示第 t 种组合状态的数量，且满足 $1 \leqslant t \leqslant 4^m$。

5）计算基本尺度熵

在上述步骤的基础上，将基本尺度熵定义为

$$H(m) = -\sum P(\pi)\log_2 P(\pi) \tag{3-24}$$

从上述分析可以看出，基本尺度熵值的大小可反映 m 维矢量的波动规则程度，时间序列的复杂程度越高，则熵值越大，反之则时间序列的复杂程度越低。

（四）样本熵

样本熵作为一种衡量时间序列复杂度信息的新方法，抗噪声能力更强，所得的熵值具备更好的一致性。样本熵的具体计算过程如下：

1）对于具有 N 个数据点的离散时间序列 $\{u(i): 1 \leqslant i \leqslant N\}$，按照一定的规则组成 m 维矢量：

$$\boldsymbol{X}_i^m = \{u(i), u(i+1), \cdots, u(i+m-1)\} - u_0(i) \quad i = 1, 2, \cdots, N-m+1 \tag{3-25}$$

式中，$\boldsymbol{X}_i^m$ 为以第 i 个点作为起始点的 m 个 u 减去 $u_0(i)$；$u_0(i)$ 根据式（3-26）计算：

$$u_0(i) = \frac{1}{m}\sum_{j=0}^{m-1} u(i+j) \quad i \in [1, N-m] \tag{3-26}$$

2）定义两个矢量 $\boldsymbol{X}_i^m$ 和 $\boldsymbol{X}_j^m$ 间相对应元素的最大绝对差值作为矢量间的距离度量 $d[\boldsymbol{X}_i^m, \boldsymbol{X}_j^m]$，即

$$d_{ij}^m = d[\boldsymbol{X}_i^m, \boldsymbol{X}_j^m] = \max_{k \in (0, m-1)} \{|(u(i+k) - u_0(i)) - (u(j+k) - u_0(j))|\}$$

$$i, j = 1, 2, \cdots, N-m+1, i \neq j \tag{3-27}$$

3）给定相似容限 r，对于每一个 $i \leqslant N-m$，统计 $d[\boldsymbol{X}_i^m, \boldsymbol{X}_j^m] < r$ 的数量，并计算该数目相对于 $N-m$ 的均值，记

$$B_i^m(r) = \frac{1}{N-m}\text{num}(d[\boldsymbol{X}_i^m, \boldsymbol{X}_j^m] < r) \tag{3-28}$$

对矢量个数总和 $N-m+1$ 求平均，记

$$B^m(r) = \frac{1}{N-m+1}\sum_{i=1}^{N-m+1} B_i^m(r) \tag{3-29}$$

4）将模式维数由 m 变为 $m+1$，重新执行步骤 2 和步骤 3 可得到 $B^{m+1}(r)$ 为

$$B^{m+1}(r) = \frac{1}{N-m}\sum_{i=1}^{N-m} B_i^{m+1}(r) \tag{3-30}$$

5）对于离散数据样本的长度 N 有限时，对应的样本熵计算公式为

$$E(m, r, N) = \ln\left[\frac{B^m(r)}{B^{m+1}(r)}\right] \tag{3-31}$$

式中，m 为模式维数；r 为相似容限；N 为数据长度。

（五）模糊熵

模糊熵同样本熵和近似熵一样，衡量的都是当模式维数发生变化时新模式产生

概率的大小。但模糊熵同样本熵和近似熵的主要区别就在于，模糊熵中通过引入模糊隶属度函数来替代样本熵和近似熵中的硬阈值标准，使得模糊熵随参数变化而连续平滑变化，减小了对参数的敏感度和依赖程度，增强了统计结果的稳定性。模糊熵的具体定义如下：

1）对于一个 N 点的时间序列 $\{u(i):1\leqslant i\leqslant N\}$，按顺序组成 m 维向量：

$$\boldsymbol{X}_i^m=\{u(i),u(i+1),\cdots,u(i+m-1)\}-u_0(i)\quad i=1,2,\cdots,N-m+1 \tag{3-32}$$

式中，$\boldsymbol{X}_i^m$ 为从第 i 个点开始的连续 m 个 u 的值去掉均值 $u_0(i)$，其中

$$u_0(i)=\frac{1}{m}\sum_{j=0}^{m-1}u(i+j) \tag{3-33}$$

2）定义向量 $\boldsymbol{X}_i^m$ 和向量 $\boldsymbol{X}_j^m$ 之间的距离 $d[\boldsymbol{X}_i^m,\boldsymbol{X}_j^m]$ 为两者对应元素差值的最大值，即

$$d_{ij}^m=d[\boldsymbol{X}_i^m,\boldsymbol{X}_j^m]=\max_{k\in(0,m-1)}\{|(u(i+k)-u_0(i))-(u(j+k)-u_0(j))|\}$$
$$i,j=1,2,\cdots,N-m+1,i\neq j \tag{3-34}$$

3）通过模糊函数 $\mu(d_{ij}^m,n,r)$ 定义矢量 $\boldsymbol{X}_i^m$ 和 $\boldsymbol{X}_j^m$ 的相似度，即

$$D_{ij}^m=\mu(d_{ij}^m,n,r)=e^{-(d_{ij}^m/r)^n} \tag{3-35}$$

式中，模糊函数 $\mu(d_{ij}^m,n,r)$ 为指数函数；n 和 r 分别为其边界的梯度和宽度，r 又称相似度容限。

4）定义函数

$$\phi^m(n,r)=\frac{1}{N-m}\sum_{i=1}^{N-m}\left(\frac{1}{N-m-1}\sum_{j=1,j\neq i}^{N-m}D_{ij}^m\right) \tag{3-36}$$

5）类似地，再对维数 $m+1$ 重复步骤 1)~4)，得

$$\phi^{m+1}(n,r)=\frac{1}{N-m}\sum_{i=1}^{N-m}\left(\frac{1}{N-m-1}\right)\sum_{j=1,j\neq i}^{N-m}D_{ij}^{m+1} \tag{3-37}$$

6）定义模糊熵为

$$E(m,n,r)=\lim_{N\to\infty}[\ln\phi^m(n,r)-\ln\phi^{m+1}(n,r)] \tag{3-38}$$

当 N 为有限数时，式（3-38）可以表示成

$$E(m,n,r)=\ln\phi^m(n,r)-\ln\phi^{m+1}(n,r) \tag{3-39}$$

式中，m 为模式维数；n 为模糊函数的梯度；r 为相似容限；N 为数据长度。

二、混沌参数

混沌理论是非线性科学的一种，其中一些定量的混沌参数，如 Lyapunov 指数和关联维数等可以用来定性地分析系统状态，处理非线性问题，近年来混沌理论在机械故障诊断领域被广泛应用，为非线性动力学系统的故障诊断提供了有效途径。

Lyapunov 指数在混沌理论中占有很重要的地位，是表征混沌系统对于初始值

敏感程度的指标，其数学意义可以准确地描述某一混沌系统经相空间重构后的相邻轨道间随时间发散或者收敛的平均指数速率。

假设一维时间序列经相空间重构后取任意时刻 t_0 的初始相点 X_{t0}，X'_{t0}为其最近邻相点，计算距离 $L(t_0)$，经过一个计算周期后两点间的距离变为 $L'(t_0)$。在时刻 $t_1=t_0+\tau$ 处寻找 X_{t1}，依据计算所得的 $L(t_1)$ 和 $L'(t_1)$ 计算每个周期内距离之比，叠加后可得时间序列的最大 Lyapunov 指数：

$$\lambda=\frac{1}{t_M-t_0}\sum_{i=0}^{M}\ln\frac{L'(t_i)}{L(t_i)} \tag{3-40}$$

式中，t_M-t_0为相空间重构时的跨行数；M 为迭代次数。

三、分形理论

（一）分形盒维数

假设集合 X 表示 R^n空间中的子集，$N(X,\ \varepsilon)$ 为利用以 ε 作为直径的最小单元能够将集合 X 全部覆盖时的最少单元数量，则 X 的分形盒维数定义如下：

$$H=\lim_{\varepsilon\to 0}\frac{\ln N(X,\varepsilon)}{\ln(1/\varepsilon)} \tag{3-41}$$

但在实际计算中，式（3-41）的极限无法求出，因此一般采用近似的方法进行计算。以 ε 网格为基准，网格逐步扩大到 $k\varepsilon$，$k\in\mathbf{Z}^+$，令 $N_{k\varepsilon}$为离散空间集合 Y 的网格个数，则网格计数可根据式（3-41）和式（3-42）计算得到。

$$P(k\varepsilon)=\sum_{i=1}^{N/k}|\max\{y_{k(i-1)+1},y_{k(i-1)+2},\cdots,y_{k(i-1)+k+1}\}-\min\{y_{k(i-1)+1},y_{k(i-1)+2},\cdots,y_{k(i-1)+k+1}\}|$$

$$j=1,2,\cdots,N/k,\quad k=1,2,\cdots,M(M<N) \tag{3-42}$$

式中，N 为采样长度。

网格计数 $N_{k\varepsilon}$为

$$N_{k\varepsilon}=P(k\varepsilon)/k\varepsilon+1\qquad N_{k\varepsilon}>1 \tag{3-43}$$

在 $\lg k\varepsilon$-$\lg N_{k\varepsilon}$图中选择线性程度较好的一段曲线进行分析，假设无标度区的取值范围是 $k_1\leqslant k\leqslant k_2$，则可得

$$\lg N_{k\varepsilon}=a\lg k\varepsilon+b \tag{3-44}$$

最后利用最小二乘法确定该区间范围内曲线的斜率，所得的 $\hat{a}$ 即是分形盒维数 H_e。

$$\hat{a}=-\frac{(k_2-k_1+1)\sum\lg k\lg N_{k\varepsilon}-\sum\lg k\sum\lg N_{k\varepsilon}}{(k_2-k_1+1)\sum\lg^2 k-(\sum\lg k)^2} \tag{3-45}$$

（二）关联维数

关联维数相比其他分形维数，如容积维数、盒维数及信息维数等，形式更为简洁且便于计算，对系统吸引子的不均匀度较为敏感，能够有效识别出系统的工作状态。

计算一维时间序列在嵌入维数为 m 时的关联函数 $C_m(r)$，一般是根据基于延时嵌入相空间重构思想的 G-P 算法。$C_m(r)$ 可对重构的相空间内吸引子上距离小于 $r(r>0)$ 的点对所占的比例进行表征，在 r 的无标度区内满足 $C_m(r)=r^{D_2(m,r)}$，当 $r\to 0$ 时，可以得到关联维数：

$$D_2(m,r)=\lim_{r\to 0}\frac{\ln C_m(r)}{\ln r} \tag{3-46}$$

画出双对数曲线 $\ln C_m(r)-\ln r$，为得到无标度区，采用点间斜率远离均值剔除算法，然后利用最小二乘法对曲线进行线性拟合，根据其斜率即可计算时间序列的关联维数。

嵌入维数 m 和延迟时间 τ 的选取对关联维数计算结果影响较大。参数 τ 确定方法有自相关函数法、C-C 法和互信息法等。参数 m 的确定方法有关联积分法、观察法和 Cao 法等。另外，文中分别采用互信息法确定参数 τ，并利用 Cao 法确定 m。

（三）多重分形维数

单分形可对振动信号时间序列的整体信息进行有效描述，而在对局部特征进行描述的性能上存在不足。对任一分形结构，其分形测度的无限集合定义为多重分形。多重分形详细刻画了不同分形子集的标度和标度指数，从而体现信号局部尺度的精细程度。在多重分形理论中，主要包括多重分形谱和广义分形维数两种模型。利用多重分形谱和广义分形维数对具有多重分形特性的信号进行特征提取，能够更加全面地表征信号的局部尺度和几何特征。

设时间序列 $\{x_i\}$，$i=1$，2，…，N，其分形集上的归一化测度的奇异性强度为 α，对应的分布密度为 $f(\alpha)$，则多重分形谱由 α 的取值范围和 $f(\alpha)$ 确定，通过质量指数可以进一步确定广义分形维数谱。多重分形谱和广义分形维数的计算步骤如下：

1）利用尺度为 $\lambda(\lambda<1)$ 的一维小盒子对时间序列 $\{x_i\}$ 进行划分，定义概率测度为

$$p_i(\lambda)=\frac{a_i(\lambda)}{\sum a_i(\lambda)} \tag{3-47}$$

式中，λ 为第 i 个盒子的尺度；$a_i(\lambda)$ 为振动信号的所有幅值之和。

2）在概率测度的基础上定义配分函数为

$$\chi_q(\lambda)=\sum p_i(\lambda)^q \tag{3-48}$$

式中，q 为表示概率测度在配分函数中所占比例的权重因子，是取值范围为（$-\infty$，$+\infty$）的实数，在实际应用中一般取 $|q|\in(20,\ 100)$，且满足当 q 改变 1 时，奇异指数 $\alpha(q)$ 的增量 $\Delta\alpha(q)<0.2\%$。

3）在无标度区内，配分函数 $\chi_q(\lambda)$ 与尺度 λ 存在的率数关系为

$$\chi_q(\lambda)\sim\lambda^{\tau(q)} \tag{3-49}$$

式中，λ 的幂指数 $\tau(q)$ 即为质量指数。式（3-49）两边同时取对数得

$$\lg(\chi_q(\lambda)) = \tau(q)\lg(\lambda) + A \tag{3-50}$$

从式（3-50）中可以看出，质量指数 $\tau(q)$ 即为$\chi_q(\lambda)$ 与 λ 的双对数曲线斜率。

4）根据勒让德（Legendre）变换可计算出奇异指数 $\alpha(q)$，进而计算出多重分形谱 $f(\alpha)$ 和广义分形维数 $D(q)$，转换公式为

$$\begin{cases} \alpha(q) = \dfrac{\mathrm{d}(\tau(q))}{\mathrm{d}q} \\ f(\alpha) = q \cdot \alpha(q) - \tau(q) \\ D(q) = \dfrac{\tau(q)}{q-1} \end{cases} \tag{3-51}$$

式中，$f(\alpha)$ 与 α 的关系曲线构成多重分形谱，而 $D(q)$ 与 q 的关系曲线即为广义分形维数谱。转换公式（3-51）构建了多重分形理论中的基础，描述了各主要变量 q，τ 与 α，f 的对应关系。

上述多重分形理论中的部分参数相互之间具备的性质见表 3-1，根据这些性质可以对信号是否具有多重分形特性进行判断。

表 3-1　多重分形部分参数相互之间具备的性质

序号	性　质
1	质量指数 $\tau(q)$ 为凸函数，且关于 q 单调递增
2	广义分形维数 $D(q)$ 和奇异指数 $\alpha(q)$ 是关于 q 的单调递减函数
3	多重分形谱 $f(\alpha)$ 是关于 α 的凸函数

从多重分形谱和广义分形维数谱中可以直接得到一些特征参量，如多重分形谱的宽度 $\Delta\alpha = \alpha_{\max} - \alpha_{\min}$，对应概率子集的差值 $\Delta f = f(\alpha_{\max}) - f(\alpha_{\min})$ 以及广义分形维数的最大值 $D_{\max}$ 等。由于不同状态振动信号的能量分布存在差异，因此此处从能量的角度提取特征，提取多重分形谱能和广义分形维数谱能，计算公式如下：

$$E_f = \sum |f(\alpha)|^2 \tag{3-52}$$

$$E_D = \sum |D(q)|^2 \tag{3-53}$$

第四节　时 频 分 析

一、小波包能量特征

小波包分析是小波的推广，具备自动缩放和平移变换等功能，可在不同的尺度下观察信号特征的变化，能自适应地选择频带，同时分解低频和高频成分、并兼顾近似和细节部分，有效地提高了时频分辨率，被广泛应用于工程信号处理及分析。

对于给定的尺度函数 $\phi(t)$ 和小波基函数 $\varphi(t)$，其二尺度方程的推广递推关系定义如下：

$$\begin{cases}\omega_{2n}(t)=\sqrt{2}\sum_{k}h_{0k}\omega_{n}(2t-k)\\ \omega_{2n+1}(t)=\sqrt{2}\sum_{k}\mathrm{h}_{1k}\omega_{n}(2t-k)\end{cases} \tag{3-54}$$

当式（3-54）中 $n=0$ 时，$\omega_0(t)$ 为尺度函数；$n=1$ 时，$\omega_1(t)$ 为小波函数。

设定一个新的空间 U_j^n 用来统一表示尺度子空间 V_j和小波子空间 W_j，此时正交分解可表示为

$$U_j^n=U_{j+1}^{2n}\oplus U_{j+1}^{2n+1}\qquad j\in Z \tag{3-55}$$

定义函数 $u_n(x)$ 满足：

$$\begin{cases}u_{2n}(x)=\sum_{k}h_{k}u_{n}(2x-k)\\ u_{2n+1}(x)=\sum_{k}g_{k}u_{n}(2x-k)\end{cases}\qquad g_k=(-1)^k h_{1-k} \tag{3-56}$$

当 $n=0$ 时，可由式（3−56）得出

$$\begin{cases}u_{0}(x)=\sum_{k}h_{k}u_{0}(2x-k)\qquad \{h_k\}\in l^2\\ u_{1}(x)=\sum_{k}g_{k}u_{0}(2x-k)\qquad \{g_k\}\in l^2\end{cases} \tag{3-57}$$

通过式（3-56）和式（3-57）可得小波包分解：

$$\begin{cases}d_l^{j,2n}=\sum_{k}h_{k-2l}d_k^{j+1,n}\\ d_l^{j,2n+1}=\sum_{k}g_{k-2l}d_k^{j+1,n}\end{cases} \tag{3-58}$$

小波包重构：

$$d_k^{j+1,n}=\sum_{k}(h_{l-2d}d_k^{j,2n}+g_{l-2k}d_k^{j,2n+2}) \tag{3-59}$$

当机械设备出现不同的故障状态时，利用小波包分解所得的各个子信号频带之间的能量分布存在着一定的差异，因此小波包能量谱特征中所涵盖的信息也是机械设备故障诊断的重要依据之一。假设一个数据长度为 N 的离散时间序列信号 $x^{k,m}(i)$，其总的能量值可表示为

$$E_n[x^{k,m}(i)]=\frac{1}{N}\sum_{i=1}^{N}[x^{k,m}(i)]^2 \tag{3-60}$$

式（3-60）中，k 表示小波包分解次数，$m=0$，1，…，2^k-1 为分解 k 次后的频带位置，分解所得的各个频带能量总和应等于原始信号的能量值，所以可得

$$E_n[x(t)]=\sum_{m=0}^{2^k-1}E_n(U_{j-k}^{2^k+m})=\sum_{m=0}^{2^k-1}E_n(x_{2^k+m})=\sum_{m=0}^{2^k-1}E_n[x^{k,m}(i)] \tag{3-61}$$

各个子频带 m 占原始信号能量值的比例为

$$E_n(m)=\frac{E_n[x^{k,m}(i)]}{E_n[x(t)]} \tag{3-62}$$

全部 m 个频带能量的比例综合等于1，即

$$\sum_{m=0}^{2^k-1}E_n(m)=1 \tag{3-63}$$

二、自适应时频分析

（一）局部特征尺度分解

局部特征尺度分解（LCD）是一种自适应信号分解方法，可将非平稳信号分解成若干不同频率尺度下的信号成分，并定义为内禀尺度分量（ISC）。

在满足分量判据的前提下，一个多分量信号 $x(t)$ 由若干相互独立的ISC分量之和组成。对任一信号 $x(t)$ 进行LCD分解的过程如下：

1）取 $x(t)$ 的所有极值点（τ_k，X_k），$k=1$，2，3，…，M，其中 M 为极值点的个数。利用相邻极值点对 $x(t)$ 的区间进行划分，在极值点划分的区间内，可利用线性变换对 $x(t)$ 进行转换：

$$L_t^{(k)}=L_k+\frac{L_{k+1}-L_k}{X_{k+1}-X_k}(x_t-X_k) \qquad t\in(\tau_k,\tau_{k+1}) \tag{3-64}$$

式中，$L_t^{(k)}$ 为基线信号段；k 为所进行的线性变换次数。

按照极值点划分的顺序，将基线信号段依次结合，计算得到基线信号 L_t，式（3-64）中，有

$$L_{k+1}=aA_{k+1}+(1-a)X_{k+1} \tag{3-65}$$

式中，参数 a 一般取值0.5。

2）假设原始信号由基线信号 L_t 和剩余信号 $P_1(t)$ 组成，则将二者从原始信号 $x(t)$ 中分离。利用ISC分量判据对分离得到的 $P_1(t)$ 进行判别，若满足判据条件，则令 $\mathrm{ISC}_1(t)=P_1(t)$。否则将 $P_1(t)$ 作为初始信号，并重新计算步骤1）、步骤2），循环 k 次后可得到ISC分量 P_k，记为 $\mathrm{ISC}_1(t)$。

3）从原始信号 $x(t)$ 中剔除 $\mathrm{ISC}_1(t)$，并将步骤1）、步骤2）循环计算 n 次，每次均可得到一个满足分量判据的内禀尺度分量。计算终止条件为最终的残余分量 r_n 单调，或者小于信号分解前设定的阈值。于是得

$$x(t)=\sum_{i=1}^{n}\mathrm{ISC}_i(t)+r_n \tag{3-66}$$

LCD方法将ISC分量按照频率由高到低的顺序从原始信号中依次分离，将信号分解为具有不同频率尺度的分量，从而对信息进行充分挖掘。分解结果中的残余分量 r_n 反映信号的变化趋势，通过剔除该残余分量，可达到一定程度的降噪效果。另外，相比采用样条插值的信号分解方法如经验模态分解（EMD），LCD方法通过线

性变换从原始信号中分离出基线信号，计算量更小，且在抑制端点效应和模态混叠方面性能更优。

为了检验 LCD 的分解效果，利用 LCD 方法对式（3-66）所示的仿真信号进行分解。该仿真信号由调幅调频信号 $x_1(t)$、调幅信号 $x_2(t)$ 和正弦信号 $x_3(t)$ 组成，采样频率为 1000Hz，采样时间为 1s。

$$\begin{cases} x_1(t)=[1+0.5\sin(5\pi t)]\cos[300\pi t+2\cos(10\pi t)] \\ x_2(t)=2e^{-2t}\sin(60\pi t) \\ x_3(t)=\sin(10\pi t) \\ x(t)=x_1(t)+x_2(t)+x_3(t) \end{cases} \tag{3-67}$$

仿真信号的时域波形和 LCD 分解结果如图 3-1 所示，从中可以看出，仿真信号经 LCD 分解后，得到了 3 个 ISC 分量，从上往下的 3 个 ISC 分量分别对应仿真信号中的调幅调频分量、调频分量和正弦分量，每个 ISC 分量都能够正确反映仿真信号的成分特征，从而说明 LCD 是一种有效的信号自适应分解方法。

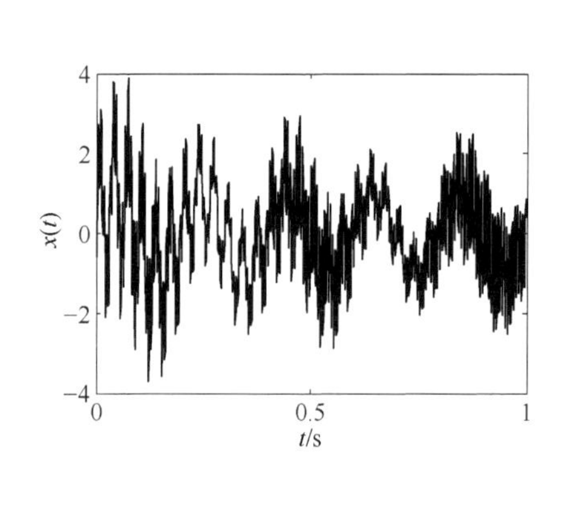

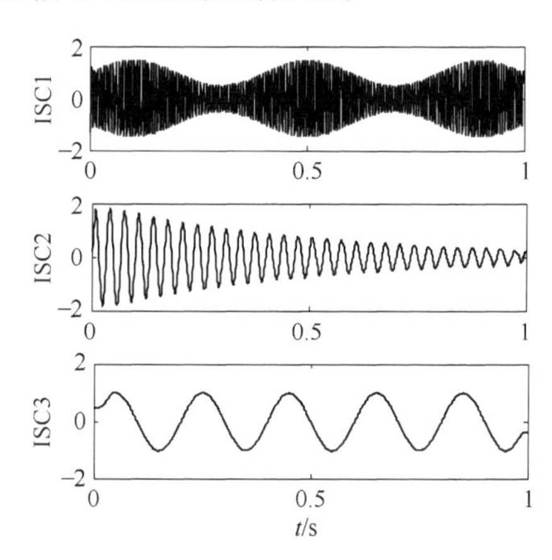

图 3-1　仿真信号的时域波形和 LCD 分解结果

第五节　图像特征分析

在振动信号的特征提取方面，除了在传统的时域、频域、时频域和复杂度域上进行外，近年来，随着图像处理技术的发展，也有不少学者通过将振动信号可视化，然后从图像处理的角度提取故障特征，并且取得了一定的效果。目前，从图像处理的角度提取故障特征时，图像的来源大多是对振动信号经过时频分析后得到的时频图，但时频变换计算复杂，且从图像提取的特征往往是一些统计特征量，选择没有规律性而且易丢失重要的时频信息。

SDP 方法作为一种图像生成方法，具有计算公式简单、运算速度快等特点，能够通过相应的计算公式，把一维的时间序列变换到极坐标下的雪花图像，不同信号的差异能够通过雪花花瓣形状的不同得以体现。军事交通学院的贾继德、张玲玲等将该方法命名为对称极坐标法，并分别应用该方法实现了齿轮箱和柴油机等机械设备的故障诊断，取得了一定的效果。本节介绍 SDP 方法和图像形状参数特征提取方法。利用 SDP 方法可将振动信号可视化，然后从图像处理的角度出发，提取能够反映 SDP 图像形状变化的特征参数。

一、SDP 方法

在离散的信号采样序列中，x_n 和 x_{n+l} 分别是时刻 n 和 $n+l$ 的幅值，利用这两个幅值和 SDP 方法的基本变换公式，可以将采样序列中时刻 n 的幅值 x_n 变换成极坐标空间 $P(r(n),\Theta(n),\phi(n))$ 中的点。SDP 方法的基本原理如图 3-2 所示，图中 $r(n)$ 为点在极坐标中的半径，$\Theta(n)$ 和 $\phi(n)$ 分别为点在极坐标中沿初始线（Initial line）逆时针和顺时针旋转的角度。这 3 个变量的计算公式如下：

$$\begin{cases} r(n)=\dfrac{x_n-x_{\min}}{x_{\max}-x_{\min}} \\ \Theta(n)=\theta+\dfrac{x_{n+l}-x_{\min}}{x_{\max}-x_{\min}}g \\ \phi(n)=\theta-\dfrac{x_{n+l}-x_{\min}}{x_{\max}-x_{\min}}g \end{cases} \tag{3-68}$$

式中，$x_{\min}$ 和 $x_{\max}$ 分别为采样序列的最小值和最大值；θ 为镜像对称平面旋转角；g 为角度放大因子；l 为时间间隔参数。

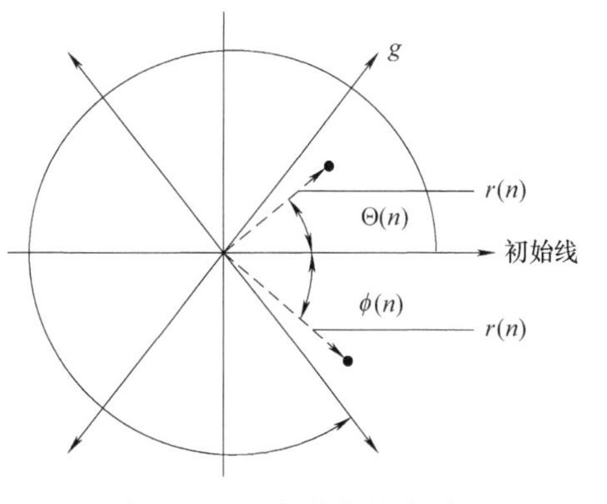

图 3-2　SDP 方法的基本原理

从 SDP 的计算公式可以看出，SDP 方法的重点就在于极坐标中点位置的确定。在极坐标空间中，点的位置由两个间隔为 l 的幅值决定，假定 $l=1$，如果信号中主要包含高频成分，则时域波形中 n 处幅值 x_n 和 $n+1$ 处幅值 x_{n+1} 的差异就较大，而由 SDP 得到的极坐标空间中的点就会有较小的偏转角度和较大的半径，反之亦然。因此，信号频率间的差异主要体现在极坐标中点分布位置和曲率的不同上。

图 3-3 所示为 3 个频率分别为 100Hz、200Hz 和 400Hz 的正弦仿真信号及高斯白噪声信号的 SDP 图像（$\theta=60°$，$g=40°$，$l=5$）。从中可以看出，随着频率的增大，SDP 图像中点的位置发生了较大变化，使得由点连接成的花瓣逐渐变得饱满，

重叠部分也开始增加，SDP 图像中点分布位置的变化直观反映了正弦信号频率的变化。对比正弦信号和高斯白噪声信号的 SDP 图像可知，从周期信号到非线性信号的变化同样可以通过 SDP 图像的差异得到体现。

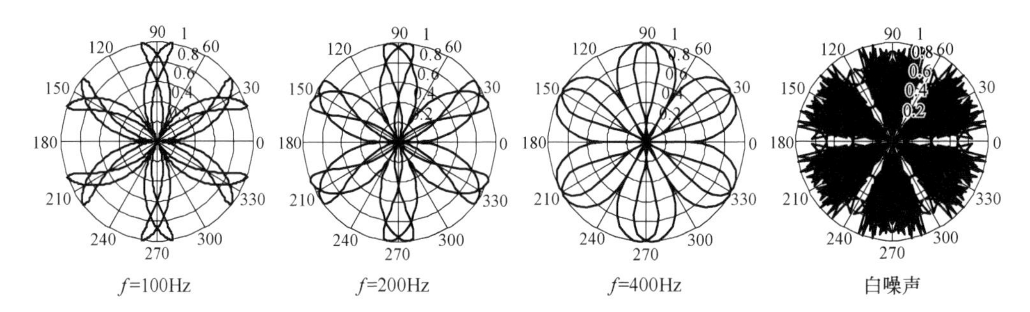

图 3-3　正弦仿真信号及高斯白噪声信号的 SDP 图像

在 SDP 方法中，θ、g 和 l 这三个参数的选择极为重要。如果镜像对称平面旋转角 θ 过大，在极坐标中显示的图像重叠较少，图像的对称性较差；θ 过小则图像的重叠较多，导致特征不明显；当 $\theta=60°$时，能够对信号特征清晰描述，便于特征的提取。通过大量实验发现，不同信号之间的细微区别主要依靠 g 和 l 的选取，一般 g 要小于 θ，取 20°~50°为宜，l 的值在 1~10 范围内最佳。

二、图像形状特征参数

图像的特征识别主要可分为三类——颜色或灰度的统计特征，纹理、边缘特征，形状特征。何种特征更有利于图像的分类识别主要由图像的特点决定，从 SDP 方法的基本变换公式可知 SDP 图像是通过将生成的花瓣镜像 6 次得到，而不同信号 SDP 图像的差异主要体现在花瓣的形状上。因此，通过提取 SDP 图像的形状特征可以反映自动机不同故障 SDP 图像之间的差异。

区域面积、区域边界、区域质心、与区域具有相同二阶中心矩的椭圆、方向角等是比较常见的描述图像形状的特征参数。图 3-4 为上述各特征参数的示意图，各特征参数的具体定义如下：

（1）区域面积　用于描述区域的大小。对所属区域的像素点进行求和计算，求和结果即为该区域的面积。图 3-4a 中图像区域由 5 个小正方形组成，按照定义可知其区域面积为 5 像素。

（2）区域边界　是指包含图像区域最小的外接矩形。图 3-4a 中灰色矩形就是包围 5 个白色小正方形的最小外接矩形，即为区域边界。外接矩形的大小由矩形左上角顶点坐标以及矩形的长和宽决定。

（3）区域质心　由区域内所有点的坐标计算得到。图 3-4a 中灰色圆点即为 5 个白色像素图像的区域质心。质心坐标的计算公式如下：

$$\begin{cases} \bar{x} = \dfrac{1}{A} \sum\limits_{(x,y) \in R} x \\ \bar{y} = \dfrac{1}{A} \sum\limits_{(x,y) \in R} y \end{cases} \tag{3-69}$$

式中，x 和 y 为区域内点的横纵坐标；A 为区域面积。

（4）与区域具有相同二阶中心矩的椭圆　图 3-4b 中绘制的椭圆即为与区域具有相同二阶中心矩的椭圆；图 3-4c 中长、短直线分别代表椭圆的长、短轴，直线上的两点为椭圆的焦点。

（5）方向角　是指椭圆长轴与水平线的夹角。图 3-4c 中长直线与水平虚线的夹角即为方向角。

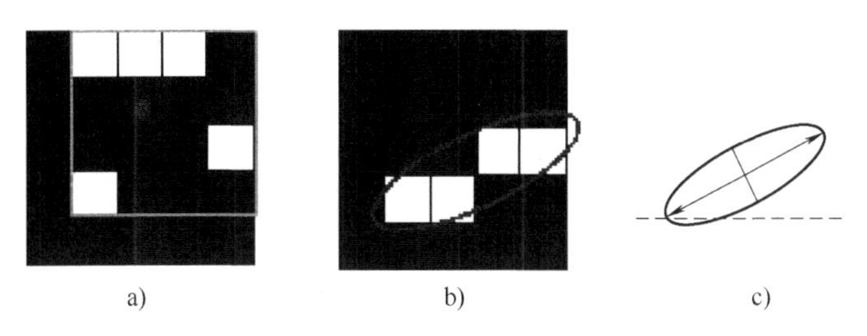

图 3-4　形状特征参数示意图

a）边界与质心　b）椭圆　c）长短轴与方向角

由上述定义可以得到 10 个描述图像形状的特征参数。10 个特征参数分别为区域面积（A）、区域质心坐标（$\bar{x}$，$\bar{y}$）、区域边界矩形左上角顶点坐标（X，Y）以及矩形的长（L）和宽（W）、椭圆的长短轴（a_m，a_n）以及方向角（θ）。

第四章

4

振动信号的维数约简

第一节 概 述

为提高故障模式识别的精确度，需要从各个角度充分提取振动信号特征，然而，随着特征集维数的增多，往往会导致特征集包含冗余和混叠信息，非敏感特征和过高的特征维数会影响故障诊断的精度和效率，因此，有必要选取合适的维数约简方法降低混合特征集的特征维数。

流形学习是非线性的维数约简算法，与传统的维数约简算法，例如主成分分析、独立分量分析法和多维尺度变换等相比，更容易挖掘到数据集的本质流形结构，所以自算法提出以来被广泛应用到数据挖掘和信息处理之中，取得了显著的成效。

线性局部切空间排列算法（LLTSA）属于一种无监督的流形学习维数约简方法，是以局部切空间排列为基础提出的，维数约简能力要优于局部切空间排列和局部保持投影等算法。传统的无监督降维方法忽略了样本类别标签的指导，有监督降维方法获取样本类别标签的过程在工程实践中代价昂贵，而实际情况中，部分数据样本的类别标签信息往往是可知的。线性局部切空间排列算法只考虑数据样本之间的本质流形结构而忽略了数据样本的类别标签信息，致使获得的低维故障特征仍然出现混叠的情况，不利于提高后续模式识别的精度。半监督线性局部切空间排列（SS-LLTSA）利用部分标签信息来调整样本点之间的距离以形成新的距离矩阵，通过新的距离矩阵进行邻域构建，实现了数据本质流行结构和类别标签信息的结合，能够提取区分度更好的低维特征。一般情况下，LLTSA 采用的是全局统一的参数，而实际中数据点的局部空间分布往往并不均匀，选取全局统一的邻域参数必然会降低算法的维数约简能力。半监督邻域自适应线性局部切空间排列（SSNA-LLTSA）根据数据点的局部空间分布自适应地调整邻域参数，提高了算法的降维能力，得到的低维数据更能反映高维数据的本质流形。

基于 Fisher 准则函数的线性判别分析是一种有效的线性特征提取方法，其物理意义是将样本在最优投影轴上投影后的类间散度与类内散度之比作为可分性判据。半监督局部 Fisher 判别分析（SELF）是一种基于 Fisher 判别分析提出的半监督降维方法，能够克服无监督学习过程的盲目性以及监督学习模型泛化能力较弱的问题。然而，现有的半监督判别分析算法在构建邻域时往往是根据经验进行全局统一设定，忽略了数据几何结构的局部差异，从而影响低维投影向量的类别可分性。邻域自适应半监督局部 Fisher 判别分析算法（NA-SELF）采用马氏距离和余弦相似度相结合的方法描述样本间的相似性，并在构建邻域时利用 Parzen 窗概率密度估计对近邻数进行自适应调整，有效避免了人为选择的随意性，且具有更好的局部几何结构特征表达能力。另外，为进一步消除非敏感特征的影响，需要在维数约简前进行敏感特征选择。

第二节 流形学习算法

一、线性局部切空间排列算法

线性局部切空间排列算法的主要目的是在空间中寻找一个转换矩阵 $\boldsymbol{A}$，通过 $\boldsymbol{A}$ 可以将 $\boldsymbol{R}^D$ 空间具有 N 个相点的含噪数据集合 $\boldsymbol{X}_R$ 转换至空间 $\boldsymbol{R}^d$，最终可得维数较低的数据集 $\boldsymbol{Y}=[\boldsymbol{y}_1, \boldsymbol{y}_2, \cdots, \boldsymbol{y}_N]$，即

$$\boldsymbol{Y}=\boldsymbol{A}^{\mathrm{T}}\boldsymbol{X}_R\boldsymbol{H}_N \qquad d<D \tag{4-1}$$

式中，$\boldsymbol{Y}$ 为 $\boldsymbol{X}_R$ 的 d 维非线性流形；$\boldsymbol{H}_N=\boldsymbol{I}-\boldsymbol{e}\boldsymbol{e}^{\mathrm{T}}/N$，为中心化矩阵；$\boldsymbol{I}$ 为单位矩阵；$\boldsymbol{e}$ 为全部元素均为 1 的 N 维矢量。

线性局部切空间排列算法的主要步骤如下：

1）构建邻域。假设对于高维数据集 $\boldsymbol{X}=[\boldsymbol{x}_1, \boldsymbol{x}_2, \cdots, \boldsymbol{x}_N]\in\boldsymbol{R}^D$ 中的任意一个数据点 $\boldsymbol{x}_i$ 都可以采用 ε-临界法搜索数据点 $\boldsymbol{x}_i$ 的邻域 $\boldsymbol{X}_i$，搜索规则为若 $\mathrm{dist}(\boldsymbol{x}_i-\boldsymbol{x}_j)\leqslant\varepsilon$，则判定 $\boldsymbol{x}_j$ 为 $\boldsymbol{x}_i$ 的邻近点，当搜索完毕时可得到点 $\boldsymbol{x}_i$ 的局部邻域空间 $\boldsymbol{X}_i=[\boldsymbol{x}_{i1}, \boldsymbol{x}_{i2}, \cdots, \boldsymbol{x}_{ik}]$，$k$ 为邻近点个数。

2）获取局部切空间。在相点 $\boldsymbol{x}_i$ 的邻域内，令 $\boldsymbol{X}_i$ 投影至其正交基 $\boldsymbol{Q}_i$ 可得

$$\arg\min_{x,\Theta,Q}\|\boldsymbol{X}_i\boldsymbol{H}_k-\boldsymbol{Q}_i\boldsymbol{\Theta}_i\|_2^2 \tag{4-2}$$

式中，$\boldsymbol{H}_k=\boldsymbol{I}-\boldsymbol{e}\boldsymbol{e}^{\mathrm{T}}/N$ 表示中心化矩阵，$\boldsymbol{I}$ 表示单位矩阵，$\boldsymbol{e}$ 为所有元素均为 1 的 N 维矢量。式（4-2）中 $\boldsymbol{Q}_i$ 的求取过程等价于对 $\boldsymbol{X}_i$ 进行 PCA 分析，最终求得的 $\boldsymbol{Q}_i$ 为由 $\boldsymbol{X}_i\boldsymbol{H}_k$ 矩阵的前 d 个最大的特征值所对应的 d 个特征向量所构成的数据点 $\boldsymbol{x}_i$ 的局部邻域空间中的正交矩阵。$\boldsymbol{X}_i$ 的局部低维坐标为

$$\boldsymbol{\Theta}_i=\boldsymbol{Q}_i^{\mathrm{T}}\boldsymbol{X}_i\boldsymbol{H}_k=[\theta_1^i,\theta_2^i,\cdots,\theta_k^i] \tag{4-3}$$

式中，$\theta_j^i=\boldsymbol{Q}_i^{\mathrm{T}}(x_{ij}-\bar{x}_i)$ 是与基 $\boldsymbol{Q}_i$ 相对应的低维坐标。

3）局部切空间全局排列。该过程是对高维数据集的本征结构进行重构并逐步形成低维数据集和转换矩阵的过程，为了使所得的低维坐标能够保持更多的高维数据集的本质流形结构信息，通常在局部空间全局排列的过程中需要使得重构后的误差达到最小，即如下目标函数：

$$\arg\min_{\boldsymbol{Y}_i,\boldsymbol{L}_i}\sum_i \|E_i\|_2^2=\arg\min_{\boldsymbol{Y}_i,\boldsymbol{L}_i}\sum_i \|\boldsymbol{Y}_i\boldsymbol{H}_k-\boldsymbol{L}_i\boldsymbol{\Theta}_i\|_2^2 \tag{4-4}$$

式中，$\boldsymbol{Y}_i$为$\boldsymbol{X}_i$的全局低维坐标；$\boldsymbol{L}_i$为局部转换矩阵，且当$\boldsymbol{L}_i=\boldsymbol{Y}_i\boldsymbol{H}_k\boldsymbol{\Theta}_i^+$时可保证重构后的误差最小，$\boldsymbol{\Theta}_i^+$是$\boldsymbol{\Theta}_i$的 Moore-Penrose 广义逆。

令$\boldsymbol{Y}=[\boldsymbol{y}_1,\ \boldsymbol{y}_2,\ \cdots,\ \boldsymbol{y}_N]$，设$\boldsymbol{S}_i$为 0~1 间的选择矩阵，则$\boldsymbol{YS}_i=\boldsymbol{Y}_i$。式（4-4）的目标函数可转换为

$$\arg\min_Y\|\boldsymbol{YSW}\|=\arg\min_Y tr(\boldsymbol{YSW}^{\mathrm{T}}\boldsymbol{S}^{\mathrm{T}}\boldsymbol{Y}^{\mathrm{T}}) \tag{4-5}$$

式中，$\boldsymbol{S}=[\boldsymbol{S}_1,\ \boldsymbol{S}_2,\ \cdots,\ \boldsymbol{S}_N]$，$\boldsymbol{S}_i$为 0~1 之间的选择向量；$\boldsymbol{W}=\mathrm{diag}(\boldsymbol{W}_1,\ \boldsymbol{W}_2,\ \cdots,\ \boldsymbol{W}_N)$，$\boldsymbol{W}_i=\boldsymbol{H}_k(\boldsymbol{I}-\boldsymbol{\Theta}_i^+\boldsymbol{\Theta}_i)$。根据 LLTSA 算法，可将$\boldsymbol{W}_i$等价为

$$\boldsymbol{W}_i=\boldsymbol{H}_k\ (\boldsymbol{I}-\boldsymbol{V}_i\boldsymbol{V}_i^{\mathrm{T}}) \tag{4-6}$$

式中，$\boldsymbol{V}_i$是由$\boldsymbol{X}_i\boldsymbol{H}_k$矩阵的前$d$个最大的特征值所对应的$d$个特征向量所构成的数据点$\boldsymbol{x}_i$的局部邻域空间中的正交矩阵。设定$\boldsymbol{YY}^{\mathrm{T}}=\boldsymbol{I}_d$作为保证$\boldsymbol{Y}$矩阵取值唯一的限制条件，可推导得出式（4-6）的最终目标函数：

$$\begin{cases}\arg\min_Y tr(\boldsymbol{A}^{\mathrm{T}}\boldsymbol{XH}_N\boldsymbol{BH}_N\boldsymbol{X}^{\mathrm{T}}\boldsymbol{A})\\ \boldsymbol{A}^{\mathrm{T}}\boldsymbol{XH}_N\boldsymbol{X}^{\mathrm{T}}\boldsymbol{A}=\boldsymbol{I}_d\end{cases} \tag{4-7}$$

式中，$\boldsymbol{B}=\boldsymbol{SWW}^{\mathrm{T}}\boldsymbol{S}^{\mathrm{T}}$。式（4-7）中的目标函数可通过转化变为求解式（4-8）的广义特征值问题：

$$\boldsymbol{XH}_N\boldsymbol{BH}_N\boldsymbol{X}^{\mathrm{T}}\boldsymbol{\alpha}=\lambda\boldsymbol{XH}_N\boldsymbol{X}^{\mathrm{T}}\boldsymbol{\alpha} \tag{4-8}$$

由式（4-8）计算所得的前d个非零最小广义特征值$\lambda_1<\lambda_2<\cdots<\lambda_d$对应的特征向量$\boldsymbol{\alpha}_1$，$\boldsymbol{\alpha}_2$，…，$\boldsymbol{\alpha}_d$所组成的转换矩阵$\boldsymbol{A}_L=(\boldsymbol{\alpha}_1,\ \boldsymbol{\alpha}_2,\ \cdots,\ \boldsymbol{\alpha}_d)$即为含噪数据集$\boldsymbol{X}_R$从高维到低维空间的转换矩阵，最后可求得低维空间坐标为$\boldsymbol{Y}=\boldsymbol{A}_L^{\mathrm{T}}\boldsymbol{X}_R\boldsymbol{H}_N$。

二、半监督线性局部切空间排列算法

由于线性局部切空间排列算法是无监督的降维算法，维数约简过程中只考虑了特征集内部的数据结构，并不能有效利用少量已知的类别信息，然而在实际的工程与应用中，少量样本的所属类别信息是可以获取的，如果利用部分已知类别信息的样本指导降维过程，则算法的维数约简能力将得到提高，约简效果也将得到较大的提升。半监督学习思想的引入，使得算法能够利用部分样本的类别标签信息更有效地寻找高维数据空间中的本质流形结构。半监督线性局部切空间排列算法（SS-LLTSA）在对所有高维空间样本进行维数约简的同时，充分利用部分含有类别标签信息的样本，重新构建进行邻域选择的距离矩阵，使得同类样本点在低维空间中的距离更

近，异类样本点之间的距离更远，从而能够更好地获取数据的本质流形结构。利用 SS-LLTSA 对高维多域混合故障特征集进行维数约简，可获得有利于模式识别的有效低维故障特征。

（一）近邻点选择

线性局部切空间排列算法直接通过比较样本点之间的欧式距离的大小来选择邻近点。假设高维空间 $\boldsymbol{R}^D$ 中共包含 D 维特征、C 个类别，记为 $\boldsymbol{X}=\{\boldsymbol{x}_i\in\boldsymbol{R}^D,\ (i=1,2,\cdots,n',\cdots,n)\}$，其中有类别标签样本 $\boldsymbol{x}_i(i=1,2,\cdots,n')$，类别标签记为 $l_i\in\{1,2,\cdots,C\}(i=1,2,\cdots,n')$。LLTSA 在构建邻域时，首先计算样本点 $\boldsymbol{x}_i$ 与 $\boldsymbol{x}_j$ 之间的欧式距离：

$$d_{i,j}=\sqrt{\|\boldsymbol{x}_i-\boldsymbol{x}_j\|^2} \tag{4-9}$$

然后通过欧式距离 d 的大小来选择 k 个近邻点并完成邻域构建。

事实上，同类样本点被选择为近邻点的个数越多，异类样本点被选择为近邻点的个数越少，则同类样本之间的相似性和异类样本间的差异性均能得到提高，反之亦然。而直接通过欧式距离的大小来选择近邻点，使得同类样本点和异类样本点均有可能被选择，不能体现同类样本的相似性和异类样本的差异性。综合考虑样本点的空间位置和夹角信息，将欧氏距离和余弦相似度结合，即

$$d_{i,j}=\left(\frac{1-d_{i,j}^c}{2}\right)\times d_{i,j}^e \qquad i,j=1,2,\cdots,n \tag{4-10}$$

式中，$d_{i,j}^c$，$d_{i,j}^e$ 分别为 $\boldsymbol{x}_i$ 与 $\boldsymbol{x}_j$ 的余弦相似度和欧式距离，$d_{i,j}^c\in[-1,1]$，则 $(1-d_{i,j}^c)/2\in[0,1]$，假设 $\boldsymbol{a}=(1,1)$、$\boldsymbol{b}=(9,2)$、$\boldsymbol{c}=(5,9)$ 为空间 $\boldsymbol{R}^2$ 中的三个二维向量，分别采用余弦相似度、欧式距离和式（4-10）共三种不同的距离度量方式计算向量之间的距离见表 4-1。

表 4-1　三种方法计算向量之间的距离

距离	$d_{i,j}^c$	d_{ij}^e	$d_{i,j}$
ab	0.844	8.062	0.629
ac	0.962	8.944	0.170

由表 4-1 可知，采用欧氏距离时 $\boldsymbol{b}$ 为 $\boldsymbol{a}$ 的邻近点，但采用式（4-10）时，$\boldsymbol{c}$ 为 $\boldsymbol{a}$ 的邻近点。因此，使用式（4-10）计算向量间的距离时，相当于为欧式距离附加了取值范围为［0，1］的影响因子，融合了样本点间的空间位置和夹角信息，两个向量夹角越接近 0°则 $d_{i,j}^c$ 越大，影响因子越小，$d_{i,j}$ 减小。

（二）半监督学习方法设计

要提高 LLTSA 的维数约简效果，需要在构建邻域时选择更多的同类样本而排除异类样本。为了提高算法的降维效果，并充分利用部分样本类别信息，定义距离矩阵：

$$D_{i,j}=\begin{cases}\sqrt{1-e^{-d_{i,j}^2/\bar{d}}} & l_i=l_j\\ \sqrt{1+e^{d_{i,j}^2/\bar{d}}} & l_i\neq l_j\\ \left(\sqrt{1-e^{-d_{i,j}^2/\bar{d}}}+\sqrt{1+e^{d_{i,j}^2/\bar{d}}}\right)/2 & \boldsymbol{x}_i\text{或}\boldsymbol{x}_j\text{不含类别信息}\end{cases} \tag{4-11}$$

式中，$d_{i,j}$为利用欧氏距离和余弦相似度结合计算所得的距离；$D_{i,j}$为重构后的距离；$\bar{d}$表示$d_{i,j}$的均值，图4-1中为两者的关系曲线。

根据图4-1的曲线变化可知，所属类别相同的数据点间的距离经重构后变为［0，1］，所属类别不同的数据点间的距离变成［$\sqrt{2}$，+∞］，不含类别信息的数据点间的重构距离范围介于两者之间，这样就确保了在构建局部邻域时，算法能够最大限度地提升同类数据点被选为邻近点的概率和排除异类数据点成为邻近点的干扰。利用部分样本类别信息定义的距离，增加了同类样本之间的相似性和异类样本的差异性，使降维后的低维数据能够最大限度地保持高维数据的本质流形结构。

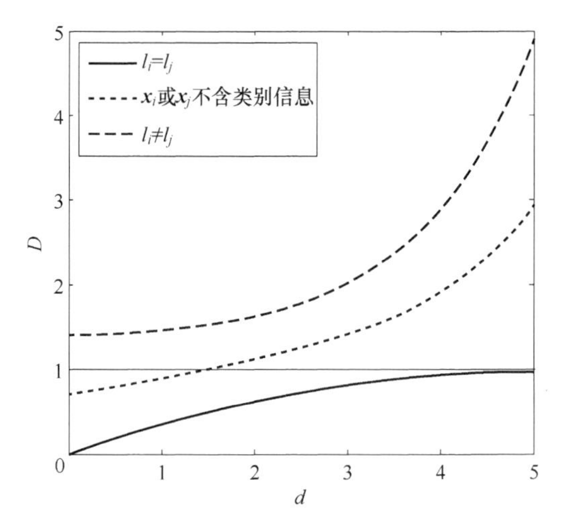

图4-1　$D_{i,j}$与$d_{i,j}$的关系曲线

（三）SS-LLTSA算法流程

SS-LLTSA算法的具体步骤如下：

1）对高维空间数据样本集进行PCA投影，得到投影转换矩阵$\boldsymbol{A}_P$和PCA子空间$\boldsymbol{X}$。

2）设置邻域参数k，结合部分含有类别标签信息样本和大量不含类别标签信息样本，根据式（4-11）计算各样本点的距离矩阵，通过该距离矩阵选择k个近邻点构建邻域。

3）确定邻域后，按照LLTSA流程获得转换矩阵$\boldsymbol{A}_L$，并求得转换矩阵$\boldsymbol{A}=\boldsymbol{A}_P\boldsymbol{A}_L$，在此基础上求得低维特征向量$\boldsymbol{Y}=\boldsymbol{A}^{\mathrm{T}}\boldsymbol{X}_R\boldsymbol{H}_N$。

（四）Swissroll曲线验证

为了验证SS-LLTSA的有效性，采用经典的三维Swissroll曲线进行验证。图4-2a所示为点数为3000点的Swissroll曲线的三维图。

利用SS-LLTSA对曲线进行低维嵌入坐标的求取，曲线中含类别标签信息的点数与未含类别标签信息的点数的比值为1∶9，即含标签类别信息的点数为300个，未含类别标签信息的点数为2700个。对曲线进行低维嵌入坐标求取时，设置邻域

参数 k 为 13（经过多次实验最终确定），图 4-2b 所示为 SS-LLTSA 方法对曲线的二维嵌入结果。同时，为了突出 SS-LLTSA 的优势，使用 PCA 和 LLTSA 算法分别对曲线进行低维嵌入坐标的求取，在 LLTSA 算法中，采用同样的邻域参数。图 4-2c、d 所示为 PCA 和 LLTSA 求取的低维嵌入结果。

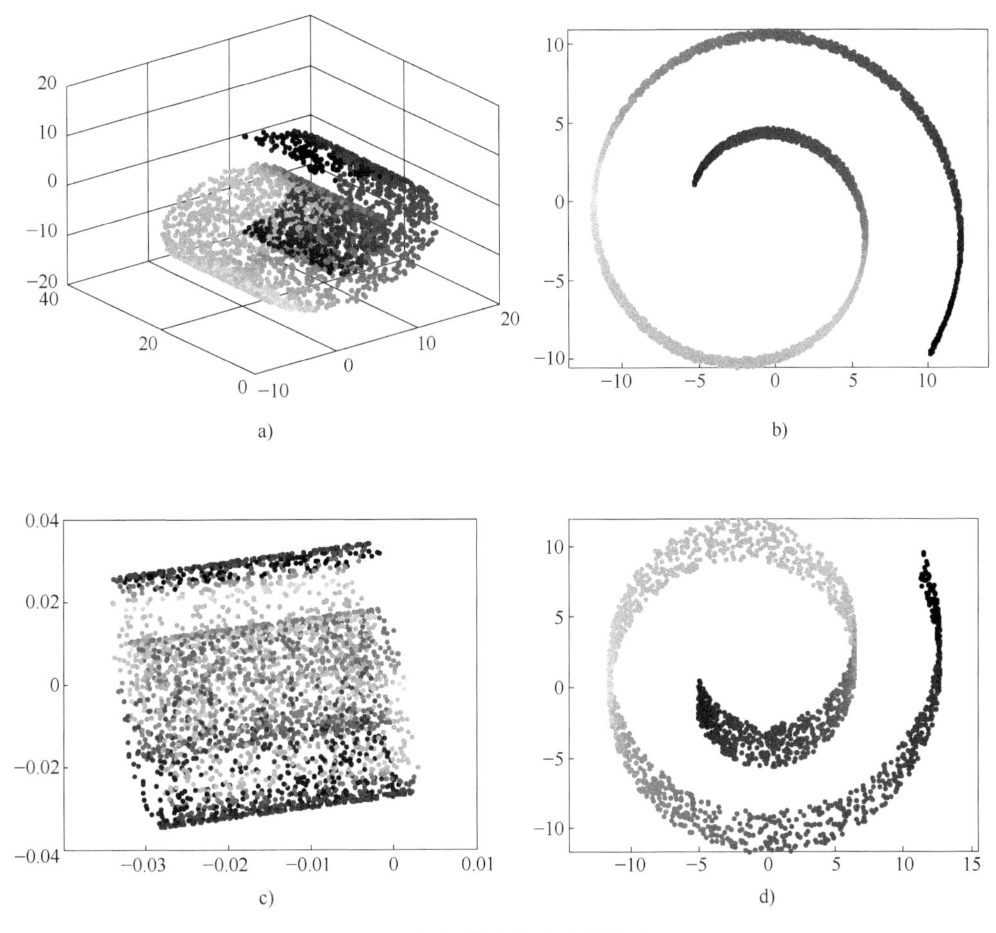

图 4-2 不同维数约简方法效果对比一

a）Swissroll 曲线三维图 b）SS-LLTSA c）PCA d）LLTSA

从图 4-2c 中可以看出，由于 Swissroll 曲线具有明显的非线性特征，这使得 PCA 方法几乎失效，得到的低维嵌入坐标出现了极为严重的混叠，不易对不同类别数据点进行区分。从图 4-2d 中可以看出，LLTSA 得到了较为有效的低维嵌入结果，相比 PCA 有了明显的提高，但和 SS-LLTSA 对曲线的低维嵌入结果相比，同类样本点的聚集性相对较差。以上分析表明，SS-LLTSA 方法对低维嵌入坐标的求取效果相比 LLTSA 和 PCA 具有一定的优势，得到的低维嵌入结果能够更好地体现数据的本质。

三、邻域自适应半监督线性局部切空间排列算法

通常状况下，线性局部切空间排列算法在维数约简时采用全局统一的邻域半径 ε，但实际数据点的局部空间分布往往并不一致，设置全局统一的邻域半径必然会降低算法的维数约简能力。半监督邻域自适应 LLTSA 算法（SSNA-LLTSA）可自适应地调整邻域参数，更为有效地发掘出了特征集的低维本质流形，有利于消除特征之间的干扰，可更为有效地提高识别准确率。

（一）邻域参数自适应调整

在利用 LLTSA 算法进行维数约简时，邻域半径 ε 对降维结果起着较为重要的影响，如果参数设置较大，则会增加非邻近点进入邻域的概率；若参数选取过小，则会导致邻域构建不关联，而无法准确地将局部切空间整合为全局的低维流形，因此邻域参数 ε 的选取非常关键。Parzen 窗概率密度估计作为非参数的估计方法，估计过程中不需和样本点分布有关的先验规律，可直接根据数据集估计其总体概率密度，因此利用 Parzen 窗估计样本点的分布状况，依据不同样本点所属邻域空间的概率密度对局部邻域半径做出自动调整。

假设数据空间 $\boldsymbol{R}^D$ 内存在一个数据集 $\boldsymbol{X}=\{\boldsymbol{x}_i\in\boldsymbol{R}^D,\ (i=1,\ 2,\ \cdots,\ N)\}$，对于数据点 $\boldsymbol{x}_i(i=1,\ 2,\ \cdots,\ N)$，Parzen 窗的概率密度估计为

$$p(x_i)=\frac{1}{V}\sum_{j=1}^{N}\frac{1}{N}\phi\left(\frac{d(\boldsymbol{x}_i,\boldsymbol{x}_j)}{h}\right) \tag{4-12}$$

式中，$V=h^D$，为窗体体积；N 为数据集样本个数；$d(\boldsymbol{x}_i,\ \boldsymbol{x}_j)$ 为 $\boldsymbol{x}_i$ 与 $\boldsymbol{x}_j$ 根据式（4-10）、式（4-11）计算所得的距离；h 为窗体宽度；$\phi(x)$ 为窗函数，且满足 $\phi(x)\geqslant 0,\int\phi(x)\mathrm{d}x=0$。

设定 LLTSA 中邻域参数 ε 初始值为 ε_0，则数据点 $\boldsymbol{x}_i$ 的初始邻域为 $N_{\varepsilon_0}(\boldsymbol{x}_i)$，窗函数选择平滑性较好的正态窗函数：

$$\phi(x)=\frac{1}{\sqrt{2\pi}}\exp\left(-\frac{1}{2}x^2\right) \tag{4-13}$$

窗宽 h 对估计结果有较大影响，若窗宽选择过大，则会导致估计的分辨力降低，反之则会使估计的统计变动很大，设定窗宽 $h=\varepsilon_0$，则数据点 $\boldsymbol{x}_i$ 的邻域概率密度为

$$p(\boldsymbol{x}_i)=\frac{1}{N\varepsilon_0^D}\sum_{x_j\in N_{\varepsilon_0}(x_i)}\frac{1}{\sqrt{2\pi}}\exp\left(-\frac{d(\boldsymbol{x}_i,\boldsymbol{x}_j)^2}{2\varepsilon_0^2}\right) \tag{4-14}$$

下面根据 $p(\boldsymbol{x}_i)$ 调整邻域参数 ε：

$$\varepsilon(\boldsymbol{x}_i)=\varepsilon_0\left(\frac{p(\boldsymbol{x}_i)}{\bar{p}}\right)^2 \tag{4-15}$$

式中，$\bar{p}=\frac{1}{N}\sum_{i=1}^{N}p(\boldsymbol{x}_i)$ 为数据集的平均概率密度。

式（4-12）的概率密度估计就是相当于在每一个点上把所有观测样本点的贡献进行平均，贡献度与样本 $\boldsymbol{x}_i$ 和 $\boldsymbol{x}_j$ 之间的距离有关，而文中对于 $d(\boldsymbol{x}_i, \boldsymbol{x}_j)$ 的计算采用的是改进后的距离度量方式，使同类数据点之间的距离远小于异类数据点，根据高斯窗函数的特点，在输入参数 $d(\boldsymbol{x}_i, \boldsymbol{x}_j)$ 较大时（异类）其输出值将变得很小，可认为异类数据点对估计点的贡献较小，所以数据点的概率密度估计值几乎全部取决于同类样本点。对于解决故障诊断中样本点邻域空间的非参数估计问题，同类样本点间的特征相似性较高，当概率密度值较大时，表示同类样本点多，可适当增大邻域半径；当密度较小时，应适当减小邻域半径，排除待估计数据点附近的几个非邻近点或异类点。通过分析式（4-15）可知，当数据点 $\boldsymbol{x}_i$ 的概率密度小于平均概率密度，即其局部空间较稀疏时，可自动减小 $\varepsilon(\boldsymbol{x}_i)$，降低非邻近点纳入邻域的概率，保证建立数据点邻域空间的可靠性，当数据点的概率密度较大时，能自动增大 $\varepsilon(\boldsymbol{x}_i)$，保持邻域的局部线性结构，可保证低维数据集全局结构的恢复。

（二）半监督邻域自适应 LLTSA 算法流程

SSNA-LLTSA 算法的具体步骤如下：

输入：位于高维空间中的数据样本集 $\boldsymbol{X}=\{(\boldsymbol{x}_1, l_1), (\boldsymbol{x}_2, l_2), \cdots, (\boldsymbol{x}_m, l_c), \boldsymbol{x}_{m+1}, \boldsymbol{x}_{m+2}, \cdots, \boldsymbol{x}_{m+n}\}$，其中 $\boldsymbol{x}_i\in\boldsymbol{R}^D$，$l_i\in\boldsymbol{R}$ 表示数据样本所含的类别信息、目标维数 d 和邻域半径初始值 ε_0。

输出：低维特征向量 $\boldsymbol{Y}$，转换矩阵 $\boldsymbol{A}$。

1）根据式（4-10）和式（4-11）计算高维空间数据点的距离矩阵 $\boldsymbol{D}$，并对距离矩阵进行归一化处理。

2）输入邻域参数初值 ε_0，依据式（4-14）和式（4-15）进行计算，可得到新的邻域半径 $\varepsilon(\boldsymbol{x}_i)$。

3）根据 $\varepsilon(\boldsymbol{x}_i)$ 重新确定数据点 $\boldsymbol{x}_i$ 的局部邻域空间组成，依据 LLTSA 原始算法的流程得到特征向量转换矩阵 $\boldsymbol{A}_L$，最终可得低维空间坐标 $\boldsymbol{Y}=\boldsymbol{A}_L^{\mathrm{T}}\boldsymbol{X}_R\boldsymbol{H}_N$。

（三）Twin Peaks 曲线验证

图 4-3a 所示为取点数为 3000 的 Twin Peaks 经典曲线的原始图，利用 SSNA-LLTSA 对曲线的三维坐标进行维数约简处理，目标维数设置为 $m=2$，降维时三维坐标中包含类别信息数据点的数量为 300，不含类别信息的数量为 2700，即比例设置为 1∶9，算法的初始邻域参数经综合考虑计算效率和维数约简效果，并通过多次实验设置 $\varepsilon_0=0.001$。图 4-3f 为采用 SSNA-LLTSA 算法的维数约简结果，同时利用 PCA、LLTSA、SS-LLTSA（欧氏距离）和 NA-LLTSA 共同对 Twin Peaks 曲线进行维数约简，各个算法的维数约简结果如图 4-2 所示。

根据曲线的原始图可知，Twin Peaks 表现出典型的非线性特性，所以 PCA 算法的降维结果出现很大程度的混淆，无法准确地区分数据点的属性信息；LLTSA

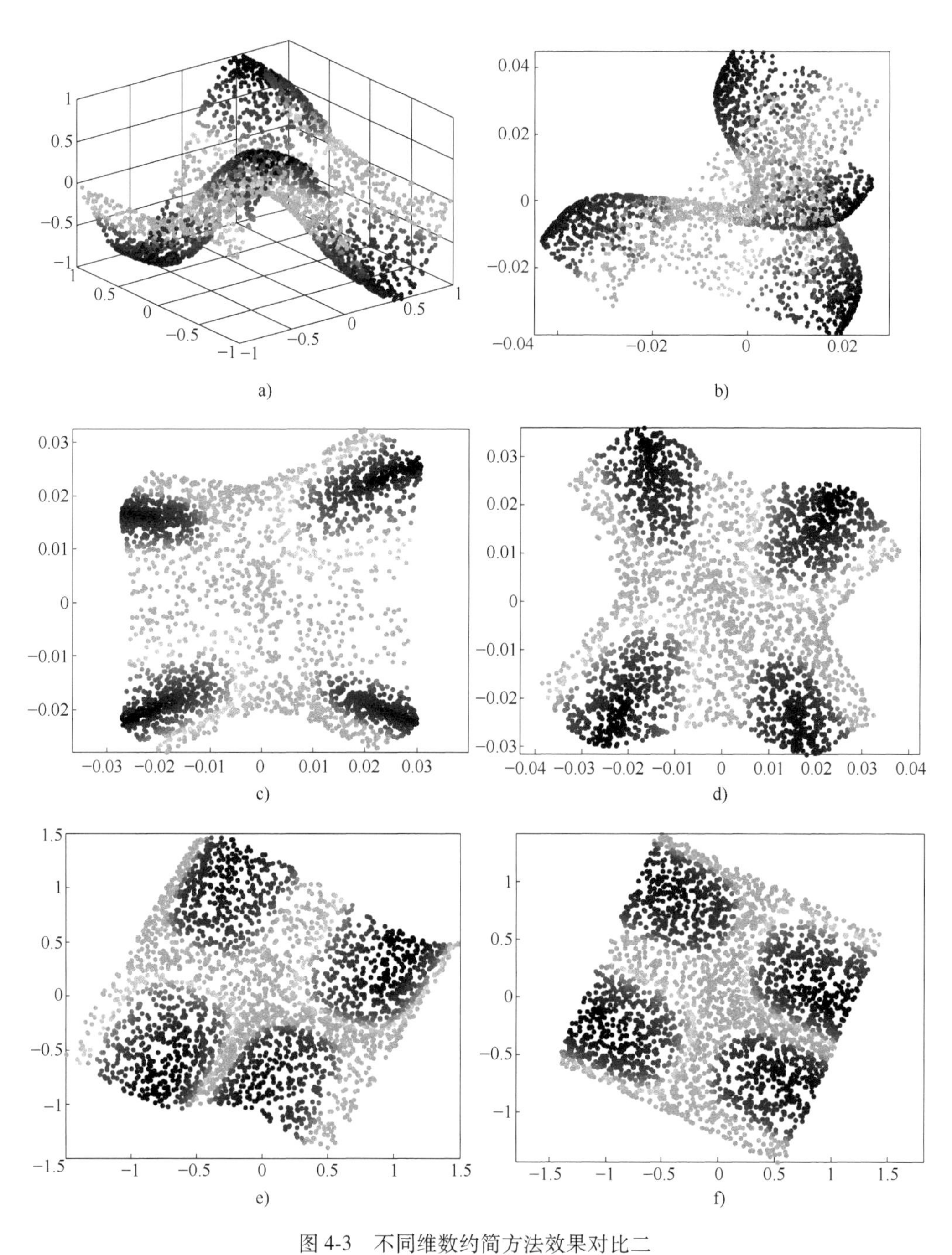

图 4-3　不同维数约简方法效果对比二

a）Twin Peaks 三维曲线　b）PCA　c）LLTSA　d）SS-LLTSA　e）NA-LLTSA　f）SSNA-LLTSA

算法属于非线性降维方法，所以可以基本区分出各个数据点的类型，但仍存在个别类型数据点聚集性不高的现象；由于 SS-LLTSA 利用少量已知的属性信息指导约简过程，所以其维数约简效果在一定程度上要好于 LLTSA，部分数据点的聚集性也有所改善；NA-LLTSA 由于克服了原始算法采用全局统一邻域参数的不足，并且采用改进后的距离代替传统的欧式距离，所以降维结果与 LLTSA 相比产生了本质的区别；SSNA-LLTSA 由于将半监督思想和邻域自适应与 LLTSA 结合，所以性能达到了最优，从图中可以看出，算法的降维结果较其他算法更能体现出原始三维曲线的本质流形结构信息，相当于直接从曲线上方（沿图 4-3a 纵轴方向）观测数据，没有造成原始数据集失真，较好地保持了 Twin Peaks 曲线的本质属性。

（四）UCI 数据集验证

实验数据来源于 UCI 数据集，Ionosphere 数据属性见表 4-2。为了便于对比分析，分别利用 PCA、LLTSA、SSNA-LLTSA（欧氏距离）、NA-LLTSA、SS-LLTSA 降维算法同时对 Ionosphere 数据进行降维处理，经多次实验，算法邻域参数设置 $\varepsilon_0=0.1$。约简后使用支持向量机（SVM）进行模式识别，SVM 参数设置为 Libsvm-3.1 工具箱的默认值，即 $C=1$、$g=1$，每种算法将数据集降至 3~32 维与 SVM 模式识别准确率的变化关系见表 4-3 和图 4-4（其中 None 代表未经维数约简处理的数据集）。

表 4-2 Ionosphere 数据集属性

数据	维数	类别	样本总数	训练样本	测试样本
Ionosphere	34	2	351	100	251

表 4-3 几种算法的最高平均识别准确率和最优维数

算法	最高平均识别准确率（%）	最优维数	算法	最高平均识别准确率（%）	最优维数
None	75.30	—	PCA	85.26	6
LLTSA	88.45	11	NA-LLTSA	90.84	31
SSNA-LLTSA（欧氏距离）	91.24	10	SS-LLTSA	92.43	29
			SSNA-LLTSA	**95.62**	31

根据分类识别结果可知，LLTSA 的最大平均识别准确率高于 PCA 和不降维时的最大平均准确率，SSNA-LLTSA（欧氏距离）由于将半监督思想和邻域参数自适应调整引入 LLTSA 算法，所以模式识别精度远高于 LLTSA；SSNA-LLTSA 采用余弦相似度和欧氏距离结合的度量方式使邻域点的选择综合考虑了空间位置和夹角信息，使选择的邻域点更加准确，所以平均识别率达到最高。

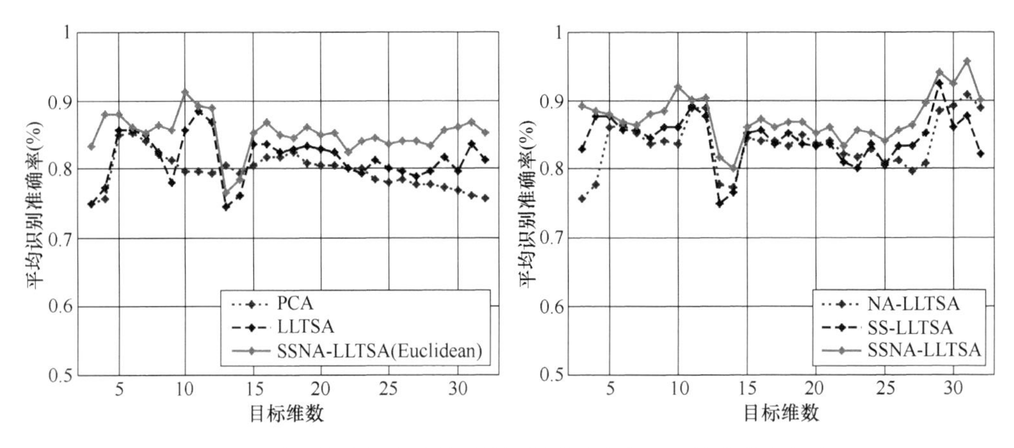

图 4-4 6 种维数约简算法的平均识别准确率与目标维数的变化关系

第三节 Fisher 判别分析

一、半监督局部 Fisher 判别分析算法

Sugiyama 将局部 Fisher 判别分析（LFDA）和主成分分析（PCA）有效融合，提出了一种半监督局部 Fisher 判别分析（SELF）算法。LFDA 通过描述样本局部信息提高了处理多模态数据的能力，但在有标签样本不足时容易陷入过学习，而 PCA 能够利用无标签样本获取全局分布。SELF 算法结合二者优势，兼具 LFDA 利用类别信息指导降维的能力和 PCA 利用无类别信息获取全局分布的能力。

假设给定样本集 $\boldsymbol{R}^D$ 共包含 D 维特征、C 个类别，记为 $\boldsymbol{X}=\{\boldsymbol{x}_i\in\boldsymbol{R}^D,\ (i=1,2,\cdots,n',\cdots,n)\}$，其中有类别标签样本 $\boldsymbol{x}_i(i=1,2,\cdots,n')$，类别标签记为 $l_i\in\{1,2,\cdots,C\}(i=1,2,\cdots,n')$。PCA 的全局散度矩阵定义为

$$\boldsymbol{S}^{(t)}=\frac{1}{2}\sum_{i,j=1}^{n}W_{i,j}^{(t)}(\boldsymbol{x}_i-\boldsymbol{x}_j)(\boldsymbol{x}_i-\boldsymbol{x}_j)^{\mathrm{T}} \tag{4-16}$$

式中，权值 $W_{i,j}^{(t)}=1/n$。

LFDA 的局部类间散度矩阵 $\boldsymbol{S}^{(lb)}$ 和局部类内散度矩阵 $\boldsymbol{S}^{(lw)}$ 可定义为下面的逐对形式：

$$\boldsymbol{S}^{(lb)}=\frac{1}{2}\sum_{i,j=1}^{n'}W_{i,j}^{(lb)}(\boldsymbol{x}_i-\boldsymbol{x}_j)(\boldsymbol{x}_i-\boldsymbol{x}_j)^{\mathrm{T}} \tag{4-17}$$

$$\boldsymbol{S}^{(lw)}=\frac{1}{2}\sum_{i,j=1}^{n'}W_{i,j}^{(lw)}(\boldsymbol{x}_i-\boldsymbol{x}_j)(\boldsymbol{x}_i-\boldsymbol{x}_j)^{\mathrm{T}} \tag{4-18}$$

权值矩阵 $\boldsymbol{W}^{(lb)}$ 和 $\boldsymbol{W}^{(lw)}$ 定义为

$$W_{i,j}^{(lb)}=\begin{cases}A_{i,j}(1/n'-1/n'_{l_i}) & l_i=l_j\\ 1/n' & l_i\neq l_j\end{cases}\tag{4-19}$$

$$W_{i,j}^{(lw)}=\begin{cases}A_{i,j}(1/n'_{l_i}) & l_i=l_j\\ 0 & l_i\neq l_j\end{cases}\tag{4-20}$$

式中，n'_{l_i}为第 $l_i\in\{1,2,\cdots,C\}(i=1,2,\cdots,n')$ 类样本数。

相似矩阵 $\boldsymbol{A}$ 的第（i，j）个元素 $A_{i,j}\in[0,1]$ 用于描述两个样本 $\boldsymbol{x}_i$ 和 $\boldsymbol{x}_j$之间的相似性，且 $A_{i,j}$有高斯相似度、k 近邻相似度和局部尺度相似度等多种定义形式，其中，局部尺度相似度定义为

$$A_{i,j}=\exp\left(-\frac{\|\boldsymbol{x}_i-\boldsymbol{x}_j\|^2}{\sigma_i\sigma_j}\right)\tag{4-21}$$

式中，σ_i为样本点 $\boldsymbol{x}_i$的局部尺度，定义为 $\sigma_i=\|\boldsymbol{x}_i-\boldsymbol{x}_i^{(k)}\|$；$\boldsymbol{x}_i^{(k)}$为 $\boldsymbol{x}_i$的第 k 个最近邻点，建议设置全局参数 $k=7$。

事实上，式（4-21）体现了样本点之间的局部近邻关系，能够根据具有相同类别标签的数据对的距离远近对权值进行调整。

由式（4-16）~式（4-18），定义 SELF 的类间散度矩阵和类内散度矩阵：

$$\boldsymbol{S}^{(b)}=(1-\beta)\boldsymbol{S}^{(lb)}+\beta\boldsymbol{S}^{(t)}\tag{4-22}$$

$$\boldsymbol{S}^{(w)}=(1-\beta)\boldsymbol{S}^{(lw)}+\beta\boldsymbol{I}_d\tag{4-23}$$

式中，权系数 $\beta\in[0,1]$；$\boldsymbol{I}_d$为标准矩阵。

权系数 β 使算法兼具 LFDA 和 PCA 的特性，通过调节其值大小，增加了算法的灵活性。显然，当 $\beta=1$ 时 SELF 等价于 PCA，当 $\beta=0$ 时则等价于 LFDA。寻找最佳的投影转换矩阵 $\boldsymbol{T}$，即求解如下最大化目标函数问题：

$$\boldsymbol{T}=\underset{\boldsymbol{T}\in R^{d\times r}}{\arg\max}[tr\boldsymbol{T}^{\mathrm{T}}\boldsymbol{S}^{(b)}\boldsymbol{T}(\boldsymbol{T}^{\mathrm{T}}\boldsymbol{S}^{(w)}\boldsymbol{T})^{-1}]\tag{4-24}$$

对式（4-24）中的转换矩阵进行求解，可转化为对式（4-25）中广义特征向量的求解：

$$\boldsymbol{S}^{(b)}\boldsymbol{\alpha}=\lambda\boldsymbol{S}^{(w)}\boldsymbol{\alpha}\tag{4-25}$$

则转换矩阵 $\boldsymbol{T}$ 由式（4-25）的前 d 个最大广义特征值所对应的广义特征向量（$\boldsymbol{\alpha}_1$，$\boldsymbol{\alpha}_2$，$\cdots$，$\boldsymbol{\alpha}_d$）组成。

二、邻域自适应半监督局部 Fisher 判别分析算法

局部化思想可以很好地解决多模数据的判别分析问题，而根据经验对局部邻域大小进行全局统一设定无法体现局部几何结构的差异性。传统的近邻数设置方法一般分为 k 近邻法和 ε 近邻法两种。半监督局部 Fisher 判别分析算法在计算局部尺度相似矩阵 $\boldsymbol{A}$ 时采用 k 近邻法构建邻域，且根据经验设置全局统一参数。然而，实际采集到的样本数据在局部几何结构上往往存在差异性，因此不同的样本在低维映射的过程中所需要的近邻样本集不同，对算法的性能产生的影响也不同。邻域自适

应半监督局部 Fisher 判别分析（NA-SELF）采用邻域参数自适应调整的方法，在提高算法鲁棒性的同时能提高低维特征的识别效果。

（一）相似性度量

SELF 算法通过计算样本点与其第 k 个最近邻点的欧式距离来描述局部尺度，但欧式距离只能度量样本间的空间位置，不能体现样本整体的集合结构。而马氏距离不受特征量纲选择的影响，余弦相似度利用矢量夹角的余弦来度量相似性。因此，为充分反映样本间的相似性，将余弦相似度和马氏距离相融合，即

$$d_{i,j}=\left(\frac{1-d_{i,j}^{c}}{2}\right)\times d_{i,j}^{m} \qquad i,j=1,2,\cdots,n \tag{4-26}$$

式中，$d_{i,j}^{c}$和 $d_{i,j}^{m}$分别为样本间的余弦相似度和马氏距离，且（$1-d_{i,j}^{c})/2\in[0,\ 1]$。

式（4-26）融合了样本点间的空间位置和夹角信息，两向量夹角越小则 $d_{i,j}$ 越小。

基于上述融合马氏距离和余弦相似度反映数据分布方面的优势，将 SELF 算法中的相似矩阵元素描述如下：

$$A_{i,j}=\exp\left(-\frac{d_{i,j}^{2}}{\sigma_i'\sigma_j'}\right) \tag{4-27}$$

式中，将 $\boldsymbol{x}_i$及其第 k 个最近邻点 $\boldsymbol{x}_i^{(k)}$ 代入式（4-26）获得局部尺度 σ_i'。由所有样本的相似系数均值 M_i确定初始近邻数 k_i，$M_i=\left(\sum_{j=1}^{n'} a_{i,j}\right)/n'$，相似系数 $a_{i,j}=\exp(-d_{i,j}^2/\sigma^2)$，$\sigma$ 为所有样本之间距离的均值。若相似系数 $a_{i,j}$大于 M_i，则 $\boldsymbol{x}_j$是 $\boldsymbol{x}_i$的近邻样本。显然，通过该方法得到的每一个样本的近邻数 k_i可能是不相等的。

（二）邻域参数自适应调整

在构建邻域时，特征相似的样本分布往往较为密集，而相似性较差的样本分布较为稀疏。为了使降维得到的低维特征能够充分反映原始数据的本质结构，可令近邻数 k 根据局部区域样本点的概率密度进行自适应调整。将 Parzen 窗概率密度估计用于邻域构建，对相似度均值 M_i确定的初始近邻数 k_i进行自适应调整。

假设 $\boldsymbol{R}^D$是包含数据集 $\boldsymbol{X}=\{\boldsymbol{x}_1,\ \boldsymbol{x}_2,\ \cdots,\ \boldsymbol{x}_N\}$ 的 D 维空间，数据集所含样本个数为 N，窗函数 $\phi(x)$，对数据点 $\boldsymbol{x}_i(i=1,\ 2,\ \cdots,\ N)$ 进行 Parzen 窗概率密度估计，$\boldsymbol{x}_i$与 $\boldsymbol{x}_j$之间的距离 $d(\boldsymbol{x}_i,\ \boldsymbol{x}_j)$ 由式（4-11）计算得到。由于正态窗函数具有较好的平滑性，因此选取正态窗函数进行计算。窗宽 $h=k_i$，k_i为数据点 $\boldsymbol{x}_i$的初始近邻数。则数据点 $\boldsymbol{x}_i$的邻域概率密度为

$$p(\boldsymbol{x}_i)=\frac{1}{Nk_i^D}\sum_{x_j\in N_{ki}(\boldsymbol{x}_i)}\frac{1}{\sqrt{2\pi}}\exp\left(-\frac{d_{i,j}^2}{2k_i^2}\right) \tag{4-28}$$

由 $p(\boldsymbol{x}_i)$ 可得到数据集所有样本的平均邻域概率密度 $\bar{p}=\left[\sum_{i=1}^{N} p(\boldsymbol{x}_i)\right]/N$，进一

步对邻域参数 k_i 进行调整：

$$k(\boldsymbol{x}_i)=\text{floor}\left[k_i\frac{p(\boldsymbol{x}_i)}{\bar{p}}\right] \tag{4-29}$$

式中，floor(x) 为向下取整函数。

通过式（4-29）可对数据点 $\boldsymbol{x}_i$ 附近数据的概率密度与平均邻域概率密度进行比较，若大于平均值，可自适应地增大近邻数 $k(\boldsymbol{x}_i)$，使得距离较远的数据对在降维时产生较小的作用；反之，则可自适应地减小近邻数 $k(\boldsymbol{x}_i)$，使距离较近的数据对在降维时产生更大的作用，从而保持邻域的局部结构，有利于恢复低维数据集的全局结构信息。

（三）NA-SELF 算法流程

邻域自适应半监督局部 Fisher 判别分析算法的具体步骤如下：

输入：D 维空间数据样本集 $\boldsymbol{X}=\{\boldsymbol{x}_i\in\boldsymbol{R}^D,\ (i=1,\ 2,\ \cdots,\ n',\ \cdots,\ n)\}$，其中有类别标签样本数为 n'，低维特征空间目标维数 $d(d\leqslant D)$。

输出：投影转换矩阵 $\boldsymbol{T}$，低维特征向量 $\boldsymbol{Y}$。

1）根据式（4-27）计算高维空间数据点间的相似系数 $a_{i,j}$，并由相似系数均值 M_i 得到每个样本的初始近邻数 k_i。

2）由 Parzen 窗概率密度估计计算样本的邻域概率密度 $p(\boldsymbol{x}_i)$，并根据式（4-29）调整邻域参数 k_i，从而构造相似矩阵 $\boldsymbol{A}$，代入式（4-19）和式（4-20）得到权值矩阵 $\boldsymbol{W}^{(lb)}$ 和 $\boldsymbol{W}^{(lw)}$，进而得到局部类间散度矩阵 $\boldsymbol{S}^{(lb)}$ 和局部类内散度矩阵 $\boldsymbol{S}^{(lw)}$。

3）根据式（4-25）求解前 d 个最大广义特征值对应的广义特征向量 $\boldsymbol{\alpha}_1$，$\boldsymbol{\alpha}_2$，$\cdots$，$\boldsymbol{\alpha}_d$，即为投影转换矩阵 $\boldsymbol{T}$，从而可得低维空间特征 $\boldsymbol{Y}=\boldsymbol{T}^{\mathrm{T}}\boldsymbol{X}$。

NA-SELF 算法与 SELF 算法的时间复杂度差异主要体现在 NA-SELF 算法流程的步骤 1）和步骤 2）中，即计算相似矩阵并对邻域参数进行自适应调整。假设数据样本的总数为 N，原始特征维数为 D，则计算余弦相似度和马氏距离的时间复杂度为 $O(DN^2)$；由式（4-27）重新计算相似度矩阵时，确定初始近邻数的时间复杂度为 $O(N)$；利用式（4-28）和式（4-29）计算数据点的邻域概率密度和调整邻域参数的时间复杂度均为 $O(N)$。设原始 SELF 算法在整个流程中的时间复杂度为 $O(S)$，NA-SELF 算法的时间复杂度为 $O(A)$，经过化简后可得

$$O(A)=O(S)+O(DN^2) \tag{4-30}$$

根据式（4-30）可知，改进算法和原始算法时间复杂度的差异主要与样本总数和原始特征维数有关，样本总数和原始特征维数越多则时间复杂度越大。

（四）人工数据集验证

在本实验中，分别利用 PCA、LFDA、SELF 和 NA-SELF 等算法对二类人工数据集进行降维，采用可视化比较实验直观地验证降维算法的性能。在每个人工数据实验中，由二元正态分布随机产生 200 组数据，每组数据包含二类各 100 个无类别标签数据和 10 个有类别标签数据，二类数据分别用圆形和三角形表示，无标签和

有标签分别用空心和实心表示。图 4-5 所示为实验 1~实验 3 中的一组数据及不同算法得到的投影方向，直线表示的是一维的投影空间，分别用不同线型绘出。

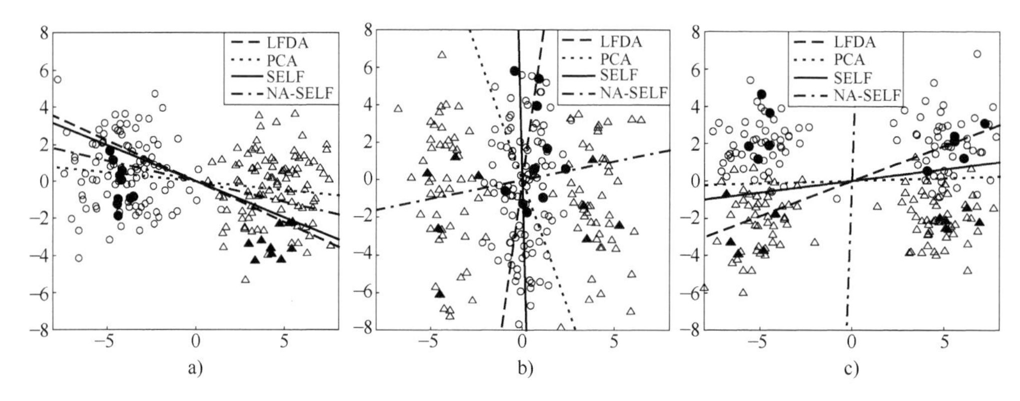

图 4-5 人工数据实验结果对比
a）实验 1 的数据及投影方向 b）实验 2 的数据及投影方向 c）实验 3 的数据及投影方向

图 4-5a 所示的二类数据集各有一个模态，无标签样本均值分别为（-4，0）和（4，0），协方差矩阵为［4，0；0，4］，有标签样本均值为（-4，0）和（4，-3），协方差矩阵为二阶单位阵，显然正确的投影方向为水平方向。实验结果显示，PCA 和 NA-SELF 得到了较好的投影方向；LFDA 受偏下的有标签样本的影响，导致投影方向偏差较大；由于 SELF 同时利用了有标签样本和无标签样本，因此投影方向位于 PCA 和 LFDA 之间。

图 4-5b 所示的二类数据集分别有一个模态和两个模态，中间一类数据的均值为（0，0），两侧一类数据的均值分别为（-4，0）和（4，0），无标签样本的协方差矩阵为［1，0；0.10］，有标签样本的均值和协方差矩阵与无标签样本相同，显然正确的投影方向为水平方向。NA-SELF 算法得到了较好的投影方向，而 PCA 选择使数据集方差最大的投影方向，LFDA 选择投影后异类样本的距离平方和较大的方向，因此 PCA 和 LFDA 会选择向垂直方向投影。

图 4-5c 所示的二类数据集各有两个模态，无标签样本均值分别为（-8，4）、（8，4）和（-8，-4）、（8，-4），协方差矩阵为［2，0；0，2］，有标签样本均值与无标签样本相同，协方差矩阵为二阶单位阵，显然正确的投影方向为垂直方向。由于相同类别两种模态样本间的距离相对于不同类别同一模态样本间的距离较大，因此 PCA 选择水平的投影方向；由于距离较远的同类样本在 LFDA 投影方向的选取中产生较小的作用，因此 LFDA 的投影方向存在一定偏差；NA-SELF 通过自适应调整近邻数，得到的相似矩阵能够更加充分地反映样本数据的局部结构，因此能够得到较好的投影方向。

在每个人工数据实验中将一组作为训练样本，另一组作为测试样本，先对测试样本进行降维得到投影转换矩阵，再使用投影转换矩阵对测试样本进行降维。将低维特征输入支持向量机进行识别，共进行 100 次实验，平均识别准确率见表 4-4。设定 SELF 和 NA-SELF 算法中权系数 $\beta=0.5$，SELF 算法中近邻数 $k=7$。为了控制实验变量，本章所使用的 SVM 均设置统一的参数（$C=100$，$g=1$）。

表 4-4 4 种算法的平均识别准确率 （%）

算法	实验 1	实验 2	实验 3	平均值
PCA	96.82	54.96	54.02	68.60
LFDA	87.98	67.71	62.43	72.71
SELF	92.90	64.46	58.84	72.01
NA-SELF	96.34	90.44	91.51	92.76

从表 4-4 中可以看出，在单模态数据的实验 1 中，NA-SELF 算法的平均识别准确率略低于 PCA，而在具有多模态数据的实验 2 和实验 3 中，NA-SELF 算法比其他算法得到了更高的平均识别准确率，而且 3 个实验结果的平均值也达到最高，表明 NA-SELF 算法具有较为明显的优势，在多模态数据的降维处理上具备更好的适用性。

（五）UCI 数据集验证

从 UCI 机器学习数据库中选取 5 个标准数据集进行维数约简，并将低维特征输入支持向量机进行分类识别。表 4-5 给出了实验所用 UCI 数据集的具体信息。

表 4-5 UCI 数据集的具体信息

数据集	类别数	特征维数	训练样本	测试样本
Ionosphere	2	34	100	251
Wine	3	13	95	83
Iris	3	4	60	90
Vehicle	4	18	400	446
Segment	7	18	700	1610

为了便于对比，分别利用 PCA、LFDA、SELF 和 NA-SELF 等算法进行比较实验。其中，SELF 算法中近邻数 $k=7$，SELF 和 NA-SELF 算法的参数 β 采用 5 折交叉验证从 $\{0.1, 0.3, 0.5, 0.7, 0.9\}$ 中获得，训练样本中有类别标签样本数与无类别标签样本数按 1∶3 随机分配。以 Wine 数据集的降维结果为例进行分析。图 4-6 为利用各种算法将 Wine 数据集降至 5 维时，对训练样本低维特征集前 3 个矢量进行可视化处理的三维空间分布图。

分析图 4-6 可知，PCA 的降维效果较差，不同类别的特征集出现了较为严重的混叠；LFDA 仅利用少量有类别标签的样本进行降维，因此各个类别也存在一定程度的混叠；SELF 算法同时利用大量无类别标签样本和少量有类别标签样本，降维后各个类别基本能够分离；NA-SELF 采用马氏距离和余弦相似度相结合的方法得

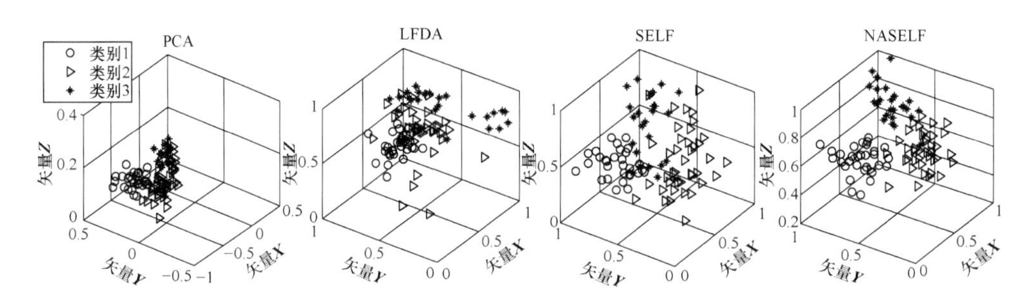

图 4-6　Wine 数据集维数约简结果对比

到的相似度更精确，因此可得到更好的降维效果。

图 4-7 所示为各种算法随着选取的降维维数不同，Wine 数据集测试样本的识别准确率。为了比较不同的相似性度量方法对降维效果的影响，将基于欧式距离的 NA-SELF 算法及基于马氏距离和余弦相似度相结合的 NA-SELF 算法也进行比较。从图 4-7 中可以看出，采用不同的维数约简算法和降维维数，数据集的识别准确率均存在差异，而 NA-SELF 算法在一定范围内取得了最高的分类精度。

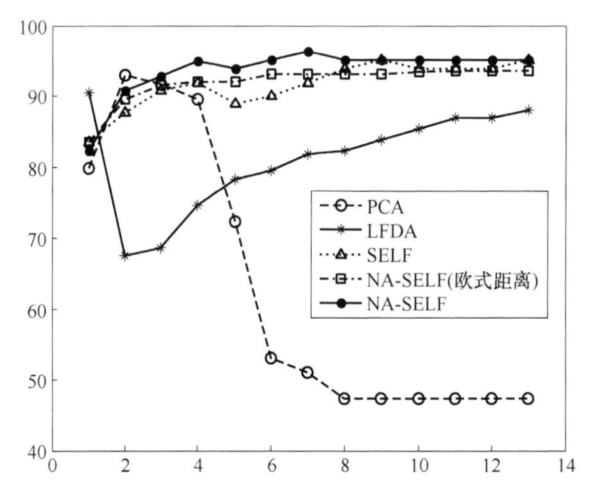

图 4-7　Wine 数据集测试样本的识别准确率对比

各种算法对 5 个数据集分别进行 100 次实验，平均识别准确率见表 4-6。平均识别准确率为每次实验得到的最高识别准确率的平均值，括号中为标准差，同时给出了直接使用原始数据（None）进行分类的平均识别准确率。

根据测试结果可知，由于未经维数约简的原始数据特征集中含有较多的冗余信息，因此大部分数据集降维前的识别率低于降维后的识别率。PCA 具备较好的稳定性，但其属于线性降维方法，忽略了样本数据的非线性结构，而 LFDA 在有类别标签样本不足时可能陷入过学习，因此 PCA 和 LFDA 的大部分识别准确率低于 SELF 算法。由于 SELF 选取全局统一的邻域参数，所以 SELF 的识别准确率和稳定性相对于 NA-SELF（欧式距离）较低，而文中所提算法采用的相似性度量方法能够更充分地反映样本间的相似性，所以识别准确率在 5 个数据集中有 3 个达到最优，且在所有数据集的识别率平均值上也达到了最优。

表 4-6 各算法的平均识别准确率 （%）

算法	Ionosphere	Wine	Iris	Vehicle	Segment	平均值
None	72.11(2.36)	93.39(3.38)	90.33(1.44)	66.95(2.03)	68.82(0.89)	78.32(2.02)
PCA	69.72(1.28)	92.78(2.14)	90.02(1.58)	61.26(1.79)	63.60(2.67)	75.48(1.89)
LFDA	74.13(2.52)	90.83(1.50)	77.78(2.93)	68.88(2.55)	69.13(3.14)	77.16(2.53)
SELF	73.92(2.03)	92.93(2.52)	92.56(2.45)	64.45(3.01)	78.70(2.96)	80.51(2.60)
NA-SELF（欧式距离）	74.81(1.87)	90.98(2.15)	92.96(2.12)	66.73(2.26)	78.76(2.87)	81.25(2.25)
NA-SELF	74.72(1.95)	95.16(2.17)	95.55(2.25)	66.95(2.22)	80.75(2.85)	82.63(2.29)

为了比较 NA-SELF 算法与原始 SELF 算法的时间复杂度，表 4-7 列出了两种算法的平均测试时间，以及改进算法相对于原始算法测试时间增加的比例。

表 4-7 测试时间对比 （单位：ms）

数据集	Ionosphere	Wine	Iris	Vehicle	Segment
SELF	203.90	198.83	197.15	228.48	279.47
NA-SELF	269.37	264.58	247.39	318.31	428.79
增加的比例	32.11%	33.07%	25.48%	39.32%	53.43%

分析表 4-7 可知，由于改进算法的时间复杂度高于原始算法，因此测试时间略长，并且耗时增加的比例随着测试样本数量和特征维数的增长而变大，说明数据自身的属性对于算法改进前后的时间复杂度差异具有较大的影响。因此，在模式识别的实际应用中，应充分考虑数据自身的属性，在处理样本数和特征维数相对较少的多模数据时，NA-SELF 算法具有很好的适用性。另外，在对识别准确率要求较高而对计算效率要求次之的场合，也可以将文中所提算法用于多模数据的维数约简。

三、核 Fisher 特征选择

（一）核 Fisher 判别分析

基于 Fisher 准则函数的线性判别分析，其物理意义是首先将样本数据向最优投影轴进行投影，然后计算所得投影的类间散度与类内散度之比，并以此作为可分性判据。核 Fisher 判别分析（KFDA）方法是在线性判别分析方法的基础上提出的一种非线性判别方法。首先通过非线性映射将原始输入空间 X 中的所有样本映射到高维特征空间中，然后在该高维特征空间中进行线性可分性分析，找出使类内离散度小且类间离散度大的最优投影方向，其中，非线性映射通过核函数运算来实现。

假设给定样本集共包含 D 维特征、C 个类别，在第 d 维特征的样本集中，属于 c_1 类的样本 $\boldsymbol{x}_1=\{x_1, x_2, \cdots, x_{n_1}\}$，属于 c_2 类的样本 $\boldsymbol{x}_2=\{x_1, x_2, \cdots, x_{n_2}\}$，且 $n_1+n_2=n$，非线性映射 φ 将输入空间映射到高维特征空间 F，即 φ：$R\rightarrow F$，$x\rightarrow\varphi(x)$。假设 c_1 类和 c_2 类的先验概率相等且所有样本都是去均值的，则两类样本在特征空间中的均值向量为

$$\boldsymbol{m}_i^{\varphi}=\frac{1}{n_i}\sum_{x_j\in c_i}\varphi(x_j) \qquad i=1,2;\ j=1,2,\cdots,n_i \tag{4-31}$$

样本类间离散度矩阵 $\boldsymbol{S}_b^{\varphi}$ 和类内离散度矩阵 $\boldsymbol{S}_w^{\varphi}$ 分别为

$$\boldsymbol{S}_b^{\varphi}=(\boldsymbol{m}_1^{\varphi}-\boldsymbol{m}_2^{\varphi})(\boldsymbol{m}_1^{\varphi}-\boldsymbol{m}_2^{\varphi})^{\mathrm{T}} \tag{4-32}$$

$$\boldsymbol{S}_w^{\varphi}=\sum_{i=1,2}\sum_{x_j\in c_i}(\varphi(x_j)-\boldsymbol{m}_i^{\varphi})(\varphi(x_j)-\boldsymbol{m}_i^{\varphi})^{\mathrm{T}} \tag{4-33}$$

则寻找最佳的投影方向 $\boldsymbol{w}_t$，即最大化目标函数：

$$J_F(\boldsymbol{w})=\frac{\boldsymbol{w}^{\mathrm{T}}\boldsymbol{S}_b^{\varphi}\boldsymbol{w}}{\boldsymbol{w}^{\mathrm{T}}\boldsymbol{S}_w^{\varphi}\boldsymbol{w}} \tag{4-34}$$

由于特征空间 F 的维数很高，$J_F(\boldsymbol{w})$ 的极大值不能直接求出，因此使用核函数 $k(y_i, y_j)=\varphi(y_i)^{\mathrm{T}}\varphi(y_j)$ 来隐含地实现对样本的非线性映射。由再生核理论可知，F 空间中的任意解 $\boldsymbol{w}$ 都由 F 空间中的样本所张成，即有 $\boldsymbol{w}=\sum_{i=1}^{n}\alpha_i\varphi(x_i)$，则

$$\boldsymbol{w}^{\mathrm{T}}\boldsymbol{m}_i^{\varphi}=\frac{1}{n_i}\sum_{j=1}^{n}\sum_{k=1}^{n_i}\alpha_j k(x_j,x_k^i)=\boldsymbol{\alpha}^{\mathrm{T}}\boldsymbol{M}_i \qquad i=1,2 \tag{4-35}$$

式中，$(\boldsymbol{M}_i)_j=\frac{1}{n_i}\sum_{k=1}^{n_i}k(y_j, y_k^i)$。

将式（4-32）、式（4-33）和式（4-35）带入式（4-34），则基于核的 Fisher 准则函数就转化为

$$J(\boldsymbol{\alpha})=\frac{\boldsymbol{\alpha}^{\mathrm{T}}\boldsymbol{M}\boldsymbol{\alpha}}{\boldsymbol{\alpha}^{\mathrm{T}}\boldsymbol{N}\boldsymbol{\alpha}} \tag{4-36}$$

式中，$\boldsymbol{M}=(\boldsymbol{M}_1-\boldsymbol{M}_2)(\boldsymbol{M}_1-\boldsymbol{M}_2)^{\mathrm{T}}$；$\boldsymbol{N}=\sum_{i=1,2}\boldsymbol{K}_i(\boldsymbol{I}-\boldsymbol{I}_{n_i})\boldsymbol{K}^{\mathrm{T}}$；$\boldsymbol{K}$ 为核函数矩阵；$\boldsymbol{I}$ 为 n_i 阶单位矩阵；$\boldsymbol{I}_{n_i}$ 为所有元素都为 $1/n_i$ 的 n_i 阶方阵。可见，$\boldsymbol{\alpha}$ 实质上是 $\boldsymbol{N}^{-1}\boldsymbol{M}$ 的最大特征值对应的特征向量，对 $\boldsymbol{N}$ 进行正则化后，可表示为 $\boldsymbol{\alpha}=\boldsymbol{N}^{-1}(\boldsymbol{M}_1-\boldsymbol{M}_2)$，从而可得两类样本在 $\boldsymbol{w}^{\varphi}$ 上的投影为

$$\boldsymbol{y}_i=\boldsymbol{w}^{\varphi}\varphi(\boldsymbol{x}_i)=\sum_{j=1}^{n}\boldsymbol{\alpha}_j k(\boldsymbol{x}_i,\boldsymbol{x}_j) \qquad i=1,2 \tag{4-37}$$

其中，核函数选择高斯径向基核函数 $k(\boldsymbol{x}_i, \boldsymbol{x}_j)=\exp(-g\|\boldsymbol{x}_i-\boldsymbol{x}_j\|^2)$，核参数 g 设置为 0.5。计算两类样本投影的类间散度与类内散度的比值，作为第 d 维特征的核

Fisher 准则值：

$$J_d=\frac{S_{b,d}}{S_{w,d}}\qquad d=1,2,\cdots,D \tag{4-38}$$

式中，$S_{b,d}$为类间散度，$S_{b,d}=(m_{1,d}-m_{2,d})^2$；$S_{w,d}$为类内散度，$S_{w,d}=\sigma_{1,d}^2+\sigma_{2,d}^2$；$m_{1,d}$和$\sigma_{1,d}^2$分别为特征在$c_1$类中的均值与方差；$m_{2,d}$和$\sigma_{2,d}^2$分别为特征在$c_2$类中的均值与方差。显然，该准则值越大，意味着该特征区分这两类的能力也越大。

通过计算不同类类间散度平均值和类内散度平均值的比值，可以得到第 d 维特征对所有类的核 Fisher 准则值 J_w，据此可为所有类选择一组共享的特征子集。然而，这类共享特征选择（SFS）方法过分强调那些与其他类之间具有较大距离的类别（边缘类），造成除边缘类之外其他类别的较大重叠，而根据两类之间的 Fisher 准则值对可分性进行衡量则不会受边缘类的影响。因此，考虑为每两类独立选择最优特征子集。

（二）独立特征选择

通常情况下，独立特征选择首先要确定一个评价指标作为定量描述特征可分性的敏感度值，然后选取敏感度值在一定范围内的特征作为敏感特征。在使用可分性判据选取特征时，通常先将判据值归一化处理，然后优选出判据值大于 0.5 的特征作为敏感特征，然而判据值小于 0.5 的特征也包含一定的信息量，直接舍去会损失这部分信息。据此，采用以下独立特征选择方法选取敏感特征：

1）计算敏感度值。计算每两类样本第 d 维特征的核 Fisher 准则值 J_d，将经过归一化处理的 J_d输入式（4-39），并将输出值小于 0 的全部取 0，大于 1 的全部取 1，使得 $0\leqslant\xi_d\leqslant1$，并以此作为该特征的敏感度值 ξ_d。

$$\xi_d=\begin{cases}e^{J_d-0.5}-0.5 & J_d>0.5\\ \ln(J_d+0.5)+0.5 & J_d\leqslant0.5\end{cases} \tag{4-39}$$

ξ_d与 J_d的关系曲线如图 4-8 所示。当输入 J_d由 0.5 变化到 0 时，输出曲线在直线 $y=x$ 下方，且输出值 ξ_d与 $y=x$ 偏差逐渐增大，直至输出值小于 0 时 ξ_d直接取为 0；当 J_d由 0.5 逐渐增大到 1 时，输出曲线在直线 $y=x$ 之上，此时 ξ_d与 J_d的差值逐渐变大，且当 ξ_d大于 1 时直接取为 1。分析式（4-39）和图 4-8 可知，如果某一特征的核 Fisher 准则值大于 0.5，则输入式（4-39）后，其输出值会在一定程度内增大该特征的敏感程度，从而使该特征起更重要的作用。同理，如果核 Fisher 准则值小于 0.5，其输出值将会减小该特征的敏感程度，从而降低甚至消除该特征的作用。

2）特征加权。为了充分体现不同敏感程度的特征在故障诊断中的作用，将特征敏感度值 ξ_d作为权值对特征进行加权，并将权值不为 0 的特征组成敏感特征集。由前面的分析可知，在使用流形学习算法提取敏感特征集的局部流形结构时，特征方差的大小能够反映特征包含信息量的多少，例如 NA-SELF 算法含有 PCA 的特

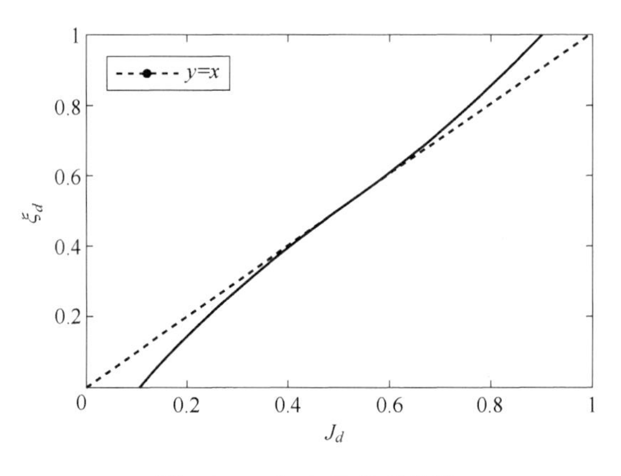

图 4-8　ξ_d与 J_d的关系曲线

性，而 PCA 通过特征方差反映特征包含的信息量。因此，对特征进行加权，相当于增大了较高敏感度特征相对于较低敏感度特征的方差，使投影方向偏向于更敏感的特征，从而使其在模式识别中的作用更加显著。

第五章

向量机诊断

第一节 概　　述

自动机故障诊断的实质是对其工作状态进行准确识别。支持向量机（SVM）是一种机器学习方法，其理论基础是现代统计学的相关理论。SVM 可以有效解决小样本的模式识别问题，在目标识别、图像分类、故障诊断等领域得到了广泛应用。SVM 采用单核映射方法对样本数据进行统一处理，其性能随不同的核函数和参数表现出较大的差别。在利用 SVM 进行故障诊断时，模型参数的选择对最终的故障分类准确率具有至关重要的影响，如何实现最优模型参数的选择是目前 SVM 智能故障诊断领域的研究重点。

多核支持向量机（MSVM）将如何描述核空间映射转化为如何选择基本核及其权系数的问题。多核支持向量机通过分配权重将单核进行加权融合，增强了决策函数的可解释性，可以兼顾独立核的泛化能力和自学习能力，从而能够获得比单核模型更好的性能。

相关向量机是建立在支持向量机（SVM）基础之上的一种基于稀疏贝叶斯统计理论的学习方法，其训练模型的建立是在贝叶斯框架下完成的，RVM 与 SVM 在函数形式上相似，但在参数设置、核函数选择及输出形式等方面更具有优势。一般情况下，RVM 的相关向量（Relevance Vectors，RVs）数量要少于 SVM 的支持向量（Support Vectors，SVs），且在 RVM 分类器中只需要确定其核函数的参数，相比 SVM，所需确定的运行参数更少、更简单。此外，RVM 还具有核函数无须满足 Mercer 条件和能提供概率式输出等优势，近年来在回归估计、模式识别及预测等方面取得了较为广泛的应用。

第二节　向量机诊断原理

一、支持向量机

SVM 首先是针对线性可分的情况提出的，其主要思想是在输入空间建立一个分类超平面，以使两个样本集到达分类超平面的距离最大。而对于在输入空间中无法线性可分的情况，则是引入某种核函数完成输入空间到高维特征空间的映射，使之线性可分，从而实现对样本非线性特征的分析。

（一）最优分类超平面

SVM 的最优分类超平面最先是从二维线性可分的情况下发展而来，其目的是通过寻找一条直线将两类样本正确划分，同时还要保证两类样本的分类间隔达到最大，这一思想可以通过图 5-1 进行具体说明。

图 5-1 中，圆形点和方向点分别代表两类不同样本，直线 H 能够将两类样本进行划分，直线 H_1 和 H_2 分别为通过两类中距离 H 最近的样本点且平行于 H 的两条平行线，直线上的黑点和灰点代表支持向量，主要用来决定直线的位置。其实直线 H 并不是唯一的，比如将 H 稍微旋转一定的角度，同样可以将两类样本进行划分，并且能够保证直线 H_1 和 H_2 上有支持向量。在众多的直线 H 中，肯定有一条是最优的，这条最优的分类线不仅要保证不同类样本不被错误区分，还要保证距离分类线最近样本点与分类线的距离最大，这就等效于使 H_1 和 H_2 之间的间隔 $m=2/\|\boldsymbol{\omega}\|$ 达到最大。图 5-1 中的直线 H 即为在二维情况下的最优分类超平面，它不仅实现了两类样本的正确划分，还使得分类间隔 $m=2/\|\boldsymbol{\omega}\|$ 达到最大。

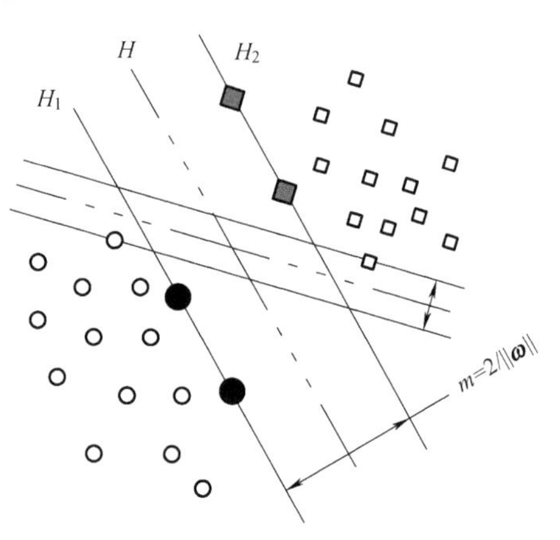

图 5-1　最优超平面示意图

（二）支持向量机分类算法

假设有一个数据样本集（$\boldsymbol{x}_i$，$\boldsymbol{y}_i$），$\boldsymbol{x}_i \in R^n$ 是 n 维输入空间，$\boldsymbol{y}_i \in \{+1，-1\}$ 是 $\boldsymbol{x}_i$ 的类别标签，$i=1，2，\cdots，l$，l 是样本的个数。如果存在判别函数

$$f(\boldsymbol{x})=\boldsymbol{\omega}\cdot\boldsymbol{x}+\boldsymbol{b}=0 \tag{5-1}$$

使得输入样本 $\boldsymbol{x}_i$ 满足如下条件：

$$\begin{cases}\boldsymbol{\omega}\cdot\boldsymbol{x}_i+\boldsymbol{b}\geqslant+1 & \boldsymbol{y}_i=+1\\ \boldsymbol{\omega}\cdot\boldsymbol{x}_i+\boldsymbol{b}\leqslant-1 & \boldsymbol{y}_i=-1\end{cases} \tag{5-2}$$

则可以把式（5-2）合并成：

$$y_i(\boldsymbol{\omega}\cdot\boldsymbol{x}_i+\boldsymbol{b})\geqslant 1 \qquad i=1,2,\cdots,l \tag{5-3}$$

那么就可以称式（5-3）为分类超平面，它不仅需要将不同的样本集正确划分，还要使距离超平面最近的样本点与超平面之间的距离最大。此时的分类间隔等于 $2/\|\boldsymbol{\omega}\|$，要使得分类间隔 $2/\|\boldsymbol{\omega}\|$ 达到最大，就等价于让 $\|\boldsymbol{\omega}\|^2/2$ 最小。因此，最优超平面的求解问题就转化为式（5-4）所示的二次规划问题。

$$\min \frac{1}{2}\|\boldsymbol{\omega}\|^2 \tag{5-4}$$

其约束条件为

$$y_i(\boldsymbol{\omega}\cdot\boldsymbol{x}_i+\boldsymbol{b})\geqslant 1 \qquad i=1,2,\cdots,l \tag{5-5}$$

式（5-4）和式（5-5）所示二次规划问题是在线性可分的情况下得到的，而在实际情况中，线性不可分的情况往往占据多数。由此引入松弛变量 ξ 和惩罚参数 $C(C>0)$ 以解决线性不可分问题，进而将原始目标函数变更为

$$\begin{cases}\min \dfrac{1}{2}\|\boldsymbol{\omega}\|^2 + C\sum\limits_{i=1}^{i}\xi_i \\ \text{st. } y_i(\boldsymbol{\omega}\cdot\boldsymbol{x}_i+\boldsymbol{b})\geqslant 1-\xi_i \\ \xi_i\geqslant 0\end{cases} \qquad i=1,2,\cdots,l \tag{5-6}$$

通过引入 Lagrange 函数，可以将式（5-6）的优化问题转为式（5-7）所示的对偶问题

$$L(\boldsymbol{\omega},\boldsymbol{b},\boldsymbol{\xi},\boldsymbol{\alpha},\boldsymbol{\beta})=\frac{1}{2}\|\boldsymbol{\omega}\|^2+C\sum_{i=1}^{l}\xi_i-\sum_{i=1}^{l}\alpha_i(y_i(\boldsymbol{\omega}\cdot\boldsymbol{x}_i+\boldsymbol{b})-1+\xi_i)-\sum_{i=1}^{l}\beta_i\xi_i \tag{5-7}$$

式中，$\boldsymbol{\alpha}=(\alpha_1,\ \alpha_2,\ \cdots,\ \alpha_l)^{\mathrm{T}}$ 和 $\boldsymbol{\beta}=(\beta_1,\ \beta_2,\ \cdots,\ \beta_l)^{\mathrm{T}}$ 均为 Lagrange 乘子向量。由于在鞍点处 $\boldsymbol{\omega}$ 和 $\boldsymbol{b}$ 的梯度为 0，因此有

$$\begin{cases}\dfrac{\partial \boldsymbol{L}}{\partial \boldsymbol{\omega}}=\boldsymbol{\omega}-\sum\limits_{i=1}^{l}\alpha_i y_i\boldsymbol{x}_i=0\Rightarrow\boldsymbol{\omega}=\sum\limits_{i=1}^{l}\alpha_i y_i\boldsymbol{x}_i \\ \dfrac{\partial \boldsymbol{L}}{\partial \boldsymbol{b}}=-\sum\limits_{i=1}^{l}\alpha_i y_i=0\Rightarrow\sum\limits_{i=1}^{l}\alpha_i y_i=0\end{cases} \tag{5-8}$$

结合式（5-7）和式（5-8）可以得到如下对偶二次规划问题：

$$\begin{cases}\max\limits_{\alpha}L(\alpha)=\sum\limits_{i=1}^{l}\alpha_i-\dfrac{1}{2}\sum\limits_{i=1}^{l}\sum\limits_{j=1}^{l}y_iy_j\alpha_i\alpha_j(\boldsymbol{x}_i\cdot\boldsymbol{x}_j) \\ \text{st. }\sum\limits_{i=1}^{l}y_i\alpha_i=0 \\ C-\alpha_i-\beta_i=0\end{cases} \qquad \alpha_i\geqslant 0,\beta_i\geqslant 0,i=1,2,\cdots,l \tag{5-9}$$

通过求解该对偶二次规划问题，可得 $\boldsymbol{\alpha}=(\alpha_1,\alpha_2,\cdots,\alpha_l)^{\mathrm{T}}$，选取位于开区间 $(0,C)$ 中的 $\boldsymbol{\alpha}$ 分量 α_i，据此计算 $\boldsymbol{b}=y_j-\sum\limits_{i=1}^{l}y_i\alpha_i(\boldsymbol{x}_i\cdot\boldsymbol{x}_j)$，$\boldsymbol{\omega}=\sum\limits_{i=1}^{l}\alpha_i y_i\boldsymbol{x}_i$。构建分类超

平面 $\boldsymbol{\omega x}+\boldsymbol{b}=0$,由此可得决策函数为

$$f(\boldsymbol{x})=\operatorname{sgn}\left(\sum_{i=1}^{l}\boldsymbol{y}_i\alpha_i(\boldsymbol{x}_i\cdot\boldsymbol{x})+\boldsymbol{b}\right) \tag{5-10}$$

式(5-10)所示的决策函数是在线性可分的情况下推导得到的。但是对于那些在原输入空间中无法线性分开的样本,核函数的引入能够实现样本从低维输入空间到高维特征空间的映射,进而在高维空间中构建可以将样本线性分开的分类超平面。引入核函数 $k(\boldsymbol{x}_i,\boldsymbol{x})$ 后,式(5-10)所示的决策函数则可以写成如下形式:

$$f(\boldsymbol{x})=\operatorname{sgn}\left(\sum_{i=1}^{n}\alpha_i\boldsymbol{y}_ik(\boldsymbol{x}_i,\boldsymbol{x}_j)+\boldsymbol{b}\right) \tag{5-11}$$

对于核函数，经常被使用的有以下几种：

1）线性核函数（Linear Kernel）：

$$k(\boldsymbol{x}_i,\boldsymbol{x}_j)=(\boldsymbol{x}_i\cdot\boldsymbol{x}_j)$$

2）多项式核函数（Polynomial Kernel）：

$$k(\boldsymbol{x}_i,\boldsymbol{x}_j)=(\boldsymbol{x}_i\cdot\boldsymbol{x}_j+1)^d$$

3）Gauss 径向基核函数（RBF Kernel）：

$$k(\boldsymbol{x}_i,\boldsymbol{x}_j)=\exp(-g\|\boldsymbol{x}_i-\boldsymbol{x}_j\|^2)$$

4）Sigmoid 核函数（Sigmoid Kernel）：

$$k(\boldsymbol{x}_i,\boldsymbol{x}_j)=\tanh(\alpha\boldsymbol{x}_i^{\mathrm{T}}\cdot\boldsymbol{x}_j+\theta)$$

式中，d 为多项式的次数，g 为 RBF 的宽度。

在上述 4 种常用的核函数中，相比其他三种核函数，RBF 需要确定的参数只有一个，非线性映射能力较强，是最为常用的一种核函数。因此，在后续的分析中，采用的均是 RBF。

SVM 针对的分类问题均是二分类问题，而此处需要判断的自动机状态有 4 种，属于多分类问题，因此需要将二分类延伸到多分类。常见的 SVM 多分类方法主要包括一对一法、一对多法、二叉树法等，综合考虑各算法的优缺点及计算的工作量，此处采用一对一法进行自动机的故障分类。

（三）支持向量机参数对分类性能的影响

支持向量机分类算法中引入了部分参数，即惩罚参数 C 和核函数参数，在实际的使用过程中也发现，支持向量机的分类性能在很大程度上取决于上述参数的选择。当选择核函数为 RBF 后，则需要确定的参数就得以确定，即惩罚参数 C 和核参数 g。C 主要用于调节 SVM 学习过程中的置信区间和经验风险的比例，以使 SVM 的推广性能最好；g 主要影响样本数据在高维特征空间中分布的复杂度。

为了说明这两个参数对 SVM 分类性能的影响，采用 UCI 数据集中的 Wine、Glass、Segment 和 Heart 等 4 个数据集进行分析，计算 5 折交叉验证准确率。惩罚参数 C 和核参数 g 在一定范围内取值时的 SVM 分类准确率如图 5-2 所示，图中 x

轴、y 轴和 z 轴分别为 $\log_2 C$、$\log_2 g$ 和 5 折交叉验证准确率。从图 5-2 中可以看出，支持向量机的分类性能随着惩罚参数 C 和核参数 g 的变化出现了较大的变动，分类准确率与 C 和 g 之间存在一种多峰值的函数映射关系，并且曲面极不规则，这就不利于使用传统方法来搜寻最优的（C，g）组合。因此，采用有效的 SVM 参数优化方法，对于提高分类性能具有重要的意义。

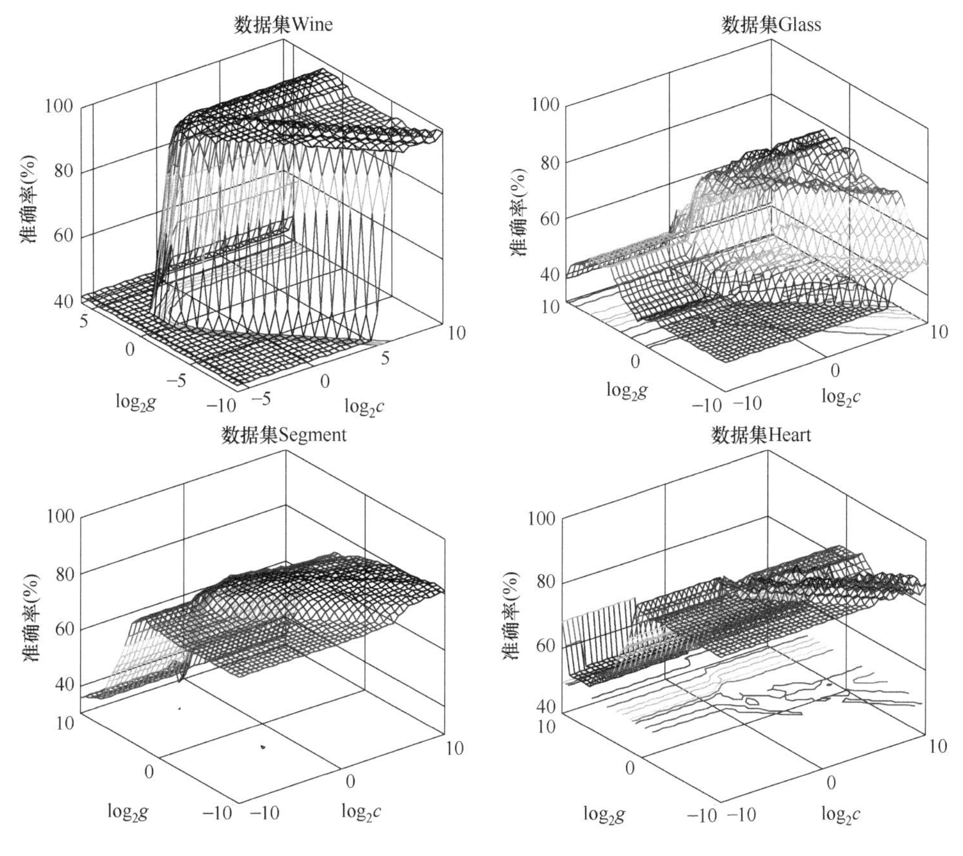

图 5-2 不同参数对支持向量机性能的影响

二、多核支持向量机

（一）MSVM 多核支持向量机模型描述

对于数据异构和样本分布不均的分类问题，传统的单核支持向量机存在一定不足，因此，考虑同时使用多个核函数来增强支持向量机的学习能力和泛化性能。在分类问题中，往往根据数据特点对核函数的类型进行选取。当使用具有全局特性的核函数时，核函数的取值受距离较远的数据点影响较大；而当使用具有局部特性的核函数时，核函数的取值受距离较近的数据点影响较大。考虑选用互补性的核函数，则一般同时使用全局核函数和局部核函数。

构建多核支持向量机模型的前提是选取合理的核组合方法，常见的有线性多核组合方法、核函数扩展合成方法、非平稳组合核方法和局部多核学习方法。由 Mercer 定理可知，将单核线性组合后得到的组合核仍为 Mercer 核，因此在多核支持向量机框架中，最简单的方法是考虑一组单核的凸线性组合：

$$K(\boldsymbol{x}_i,\boldsymbol{x}_j)=\sum_{m=1}^{M}\lambda_m k(\boldsymbol{x}_i,\boldsymbol{x}_j) \tag{5-12}$$

式中，λ_m为第 m 个核函数的权值，且满足 $\lambda_m\geqslant 0$ 和$\sum\lambda_m=1$。

通过合理调节权值 λ_m，可使组合核兼具各个独立核的特性，提高核特征空间映射的灵活性，从而适应不同的样本输入，获得比单核更好的性能。

（二）MSVM 参数对分类性能的影响

在构造组合核时，核函数的类型及其权值的设置对 MSVM 的分类能力起着重要作用。本节从线性核函数（Linear）、多项式核函数（Poly）、Gauss 径向基核函数（RBF）和 Sigmoid 核函数（Sigmoid）中任意选取 2 个构建 MSVM，则组合核的形式为

$$K(\boldsymbol{x}_i,\boldsymbol{x}_j)=\lambda k_1(\boldsymbol{x}_i,\boldsymbol{x}_j)+(1-\lambda)k_2(\boldsymbol{x}_i,\boldsymbol{x}_j) \tag{5-13}$$

利用 UCI 机器学习数据库中的 Heart 数据集进行实验，其中包含 60 个训练样本和 243 个测试样本。在每组实验中，核函数的权值 λ 从［0，1］中等间隔取值，统一设置惩罚参数 $C=100$，阶次 $d=3$，参数 $g=1$。各组核函数构建的 MSVM 识别准确率随 λ 的变化关系如图 5-3 所示。

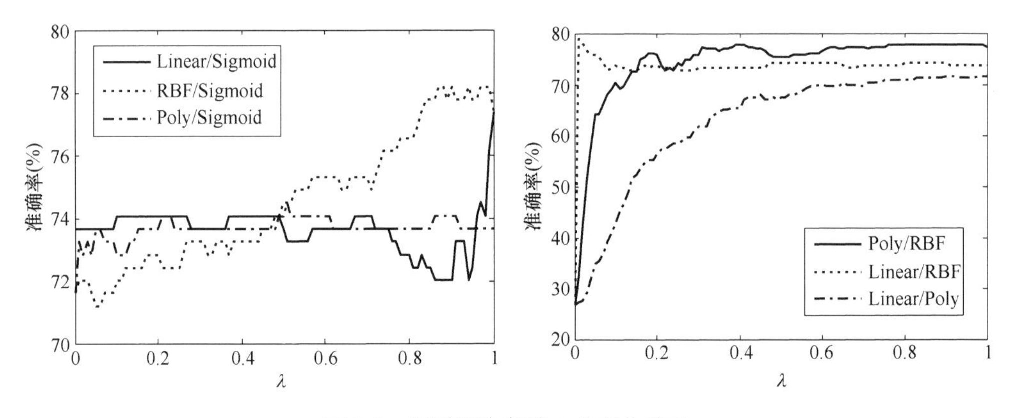

图 5-3　识别准确率随 λ 的变化关系

从图 5-3 中可以看出，随着 λ 取值的变化，不同核函数组合的 MSVM 识别率变化趋势呈现出显著差异，例如，Poly 和 Sigmoid 组合的识别率在 λ 取不同值时的变化不大；Poly 和 RBF 组合的识别率随着 λ 取值的增大逐渐趋于较高的水平；Linear 和 RBF 组合的识别率在 λ 取较小值时达到了最高，而后呈降低的趋势。分析表明，构造组合核的核函数类型及其所占比例对 MSVM 的分类结果有不同程度的影响，

实质上是核函数映射得到的高维特征空间具有不同的可区分性，因此，有必要对核函数及其权值进行优化选取。

三、相关向量机

（一）RVM 模型描述

相关向量机可用于解决回归与分类问题，本小结只简要介绍其与分类相关的理论。对于二分类问题（C_1，C_2），RVM 具有与 SVM 相似的模型形式，也是一组核函数的线性组合。给定一组训练样本 $\{\boldsymbol{x}_i, \boldsymbol{t}_i\}_{i=1}^{N}$，$\boldsymbol{x}_i \in R^n$，$\boldsymbol{t}_i \in \{0, 1\}$，RVM 对任意输入 $\boldsymbol{x}_t$ 的分类模型为

$$y(\boldsymbol{x}_t;\boldsymbol{w}) = \sigma\left(\sum_{i=1}^{N} w_i k(\boldsymbol{x}_i,\boldsymbol{x}_t) + w_0\right) = \sigma(\boldsymbol{w}^{\mathrm{T}}\boldsymbol{K}) \tag{5-14}$$

式中，$\boldsymbol{K}(\boldsymbol{x}_i, \boldsymbol{x}_t)=[1, k(\boldsymbol{x}_1, \boldsymbol{x}_t), \cdots, k(\boldsymbol{x}_N, \boldsymbol{x}_t)]^{\mathrm{T}}$是由核函数将样本数据映射到高维空间所得的向量；$\boldsymbol{w}=(w_0, \cdots, w_N)^{\mathrm{T}}$是权值向量；$\sigma(\cdot)$ 是逻辑 S 型函数（logistic sigmoid function），简称 σ 函数。

假设每个样本独立分布，$p(t|x)$ 选用 Bernoulli 分布，可得预测结果 t 的后验概率为

$$P(\boldsymbol{t}|\boldsymbol{w}) = \prod_{i=1}^{N} \sigma[y(x_i;\boldsymbol{w})]^{t_i}\{1 - \sigma[y(x_i;\boldsymbol{w})]\}^{1-t_i} \tag{5-15}$$

式中，$\boldsymbol{t}=[t_1, t_2, \cdots, t_N]^{\mathrm{T}}$。

根据相关公式，与新向量 $\boldsymbol{x}_*$ 相匹配的目标结果 $\boldsymbol{t}_*$ 的条件概率为

$$p(\boldsymbol{t}_*|\boldsymbol{t}) = \int p(\boldsymbol{t}_*|\boldsymbol{w},\sigma^2)p(\boldsymbol{w},\sigma^2|\boldsymbol{t})\mathrm{d}w\mathrm{d}\sigma^2 \tag{5-16}$$

根据 Sparse Bayes 理论，给权值向量 $\boldsymbol{w}$ 分配平均值为零的 Gauss 先验分布，即

$$p(\boldsymbol{w}|\alpha) = \prod_{i=0}^{N} N(\boldsymbol{w}_i|0,\alpha_i^{-1}) \tag{5-17}$$

经过多次迭代后可发现大部分权值都变得很小，只有很少一部分权值非零，根据式（5-1），只有非零权值对应的训练向量对目标值起作用，称为相关向量（R_V），则 RVM 模型可重新表示为

$$y(\boldsymbol{x}_t;\boldsymbol{w}) = \sigma\left(\sum_{x_i \in R_V} w_i k(\boldsymbol{x}_i,\boldsymbol{x}_t) + w_0\right) \tag{5-18}$$

（二）RVM 核函数参数对模型性能的影响

核参数的设置对 RVM 的模式识别能力起着极其重要的影响，研究利用 UCI 数据库中 Sonar 分类数据（共 208 个样本）进行实验，将 Sonar 数据集中的全部数据作为训练样本对 RVM 分类模型进行训练，同时也将全部数据作为测试样本输入已训练的 RVM 模型中进行学习能力自测试，核参数值与相关向量（R_V）和训练时间的关系见表 5-1。

表 5-1 核参数对 RVM 性能影响

核参数	R_V	时间/s	核参数	R_V	时间/s
0.1	29	0.14	2.5	16	0.46
0.5	19	5.58	3.0	8	0.41
1.0	25	0.65	3.5	8	0.13
1.5	18	1.00	4.0	1	0.04
2.0	16	0.74	5.0	1	0.03

根据表 5-1 可知，伴随着核函数参数的逐渐变大，相关向量的数量呈现逐渐下降的趋势，不同核参数所对应的模型训练时间不同，为了进一步说明核参数对 RVM 分类能力的影响，图 5-4 给出了识别正确率随着核参数变化的趋势。

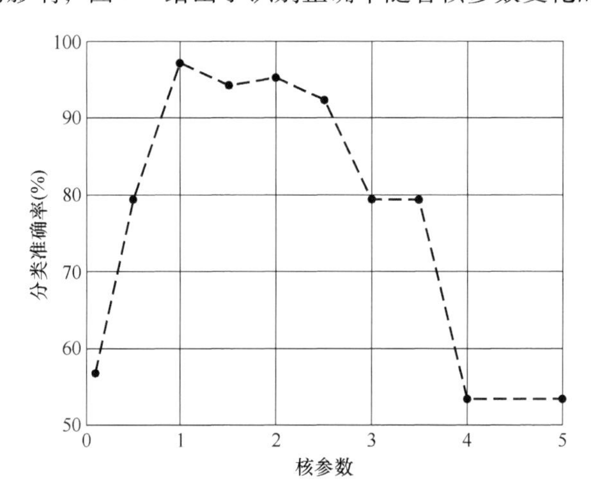

图 5-4 识别正确率随着核参数变化的趋势

由图 5-1 和表 5-1 可知，改变核参数的实质是改变数据映射到高维空间的可区分程度，所以核参数的选取对 RVM 的分类能力起着较大程度的影响，同时也只有选择适当的核函数参数，RVM 的分类能力才会获得提升。

（三）RVM 多分类决策策略

利用 RVM 解决多分类问题时，可以直接求解，即假设存在 $K(K>2)$ 类，似然函数可以表示为

$$p(\boldsymbol{t}|\boldsymbol{w}) = \prod_{i=1}^{K}\prod_{j=1}^{K}\sigma[y(\boldsymbol{x}_i;\boldsymbol{w}_j)]^{t_{ij}} \tag{5-19}$$

此时的输出值为多值 $y_k(\boldsymbol{x};\boldsymbol{x}_k)$，所以对于多分类问题进行整体计算建模时，运算效率较低。

对于多分类问题 $\{C_i\}_{i=1}^{K}$，RVM 和 SVM 都可以通过构建多个二分类器实现多分类，常用的组合方式有“一对一”（One Against One，OAO）和“一对余”（One

Against Rest, OAR ），一般情况下 OAO 相比 OAR 具备更理想的多分类能力，因此采用 OAO 方式。

OAO 方式将样本中的所有类别两两组合，共构建 $K(K-1)/2$ 个分类器，记为 $B_{i,j}$，其中 K 表示样本的类别个数，对测试样本 $\boldsymbol{x}_t$，依据式（5-20）与式（5-21）可分别求出 C_i与 C_j的后验概率，记为 P_{ij}与 P_{ji}。

$$P(t=1|\boldsymbol{x}_t)=y(\boldsymbol{x}_t;\boldsymbol{w}) \tag{5-20}$$

$$P(t=0|\boldsymbol{x}_t)=1-y(\boldsymbol{x}_t;\boldsymbol{w}) \tag{5-21}$$

传统的 OAO 组合使用“最大票数赢”策略，即以概率 50% 作为标准，当 $P(t=1|\boldsymbol{x}_t)>50\%$时，$C_i$得一票，否则 C_j得一票，当全部二分类器 $B_{i,j}$投票完毕后，统计票数，并将 $\boldsymbol{x}_t$归类到票数最多的类别。但此种计票方法存在一定的弊端，如 95%和 55%都同样得一票，但二者对于决策结果的置信度是不同的，而“最大概率赢（MPW）”的多分类决策策略能够有效地克服这一不足，具体步骤如下：

1）对于测试样本 $\boldsymbol{x}_t$，如果 $K-1$ 个二分类器 $B_{i,j}(j\neq i)$ 对于类别 C_i的后验概率全部大于 0.5，则将测试样本 $\boldsymbol{x}_t$判定为类别 C_i，否则执行步骤 2）。

2）将经 $K(K-1)/2$ 个二分类器初步计算所得的后验概率分别输入式（5-22）中，输出得到新的后验概率，最后对新得到的后验概率通过式（5-23）进行累加，并采用“最大概率赢（MPW）”的策略将 $\boldsymbol{x}_t$判定为累加后验概率最大的类别。

$$P=\begin{cases}e^{P_{ij}-0.5}-0.5 & P_{ij} \text{ 或 } P_{ji}>0.5\\ \ln(P_{ij}+0.5)+0.5 & P_{ij} \text{ 或 } P_{ji}\leqslant 0.5\end{cases} \tag{5-22}$$

$$P_i=\sum_{j=1,j\neq i}^{K} P_{ij} \tag{5-23}$$

3）输出最终的类别判定结果。

式（5-23）中 P 与 P_{ij}的关系曲线如图 5-5 所示，当输入 P_{ij}由 0 变化到 0.5 时，式（5-23）的输出曲线在直线 $y=x$ 下方，且 P_{ij}越接近 0，输出值 P 与 $y=x$ 偏差越大；P_{ij}由 0.5 逐渐增大到 1.0 时，输出曲线在直线 $y=x$ 之上，此时 $P-P_{ij}$的差值逐渐变大，当 $P_{ij}=1$ 时达到最大。

分析式（5-23）和图 5-5 可知，如果测试样本 $\boldsymbol{x}_t$对于类别 C_i所输出的 P_{ij}值大于 0.5，则输入式（5-23）后，其输出值会在一定程度内放大该后验概率的作用，从而增加该后验概率在后续采取“最大概率赢”策略时对于类别 C_i的贡献程度。二分类器 $B_{i,j}$对于类别 C_i输出的后验概率越大，表示测试样本 $\boldsymbol{x}_t$的类别为 C_i的可信度越高，所以将该后验概率输入式（5-23）后会增大将测试样本 $\boldsymbol{x}_t$判定为类别 C_i的可能性。

同理，如果测试样本 $\boldsymbol{x}_t$对于类别 C_i所输出的 P_{ij}值小于 0.5，则输入式（5-23）后，其输出将会削弱该后验概率对于类别 C_i的贡献程度，可视为对类别 C_i施加某种“惩罚”，降低将测试样本 $\boldsymbol{x}_t$的类别判定为 C_i的可能性。二分类器 $B_{i,j}$对于类别 C_i输出的后验概率越小，这种“惩罚”将越明显，从而将 $\boldsymbol{x}_t$判定为类别 C_i的可能性越低。

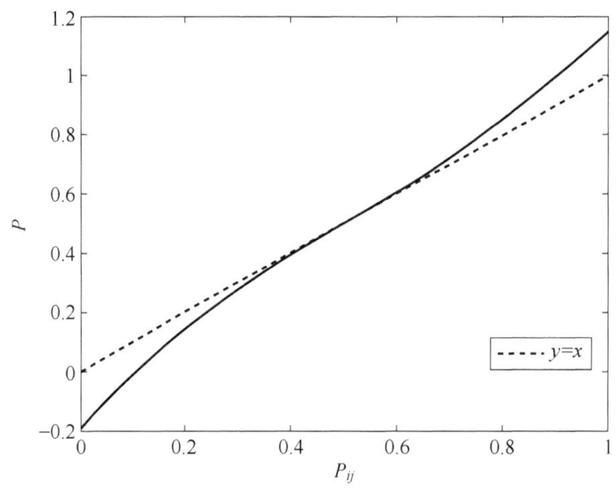

图 5-5　P 与 P_{ij} 的关系曲线

第三节　向量机参数优化

一、果蝇优化算法

果蝇优化算法（FOA）作为一种新型的优化算法，相比其他一些优化算法，具有参数设置少、编程容易实现及运算速度快等特点，已被很多学者广泛应用到了科学和工程邻域，并且取得了不错的效果。但也有研究表明，FOA 在寻优过程中也会出现陷入局部最优及收敛不稳定的情况，特别是对于高维多极值问题，上述缺点就显得尤为突出，影响寻优的结果。

果蝇在觅食的过程中，可以通过敏锐的嗅觉确定食物大致所在位置，当接近食物后，又可以通过敏锐的视觉发现食物，并向食物所在的准确位置飞去。根据果蝇的觅食行为，可以将果蝇优化算法的基本步骤归结如下：

1）确定果蝇种群规模和种群最大迭代次数，并且随机确定果蝇种群的初始位置：X_{a}、Y_{a}。

2）赋予果蝇个体利用嗅觉搜寻食物的随机方向和距离，随机值 R 为搜索距离：

$$\begin{cases} X_i = X_{\mathrm{a}} + R \\ Y_i = Y_{\mathrm{a}} + R \end{cases} \tag{5-24}$$

3）由于食物的具体位置无法得知，因此首先估计果蝇所在位置到原点的距离 D_i，而后计算果蝇个体食物味道浓度判定值 S_i，该值为距离的倒数：

$$\begin{cases} D_i = \sqrt{X_i^2 + Y_i^2} \\ S_i = 1/D_i \end{cases} \tag{5-25}$$

4）将食物味道浓度判定值 S_i 代入味道浓度判别函数（也称适应度函数），求出果蝇个体所在位置的食物味道浓度 l_i：

$$l_i = f(S_i) \tag{5-26}$$

5）保留果蝇种群中食物味道浓度最大（或最小，根据具体问题而定）的果蝇，即最优果蝇个体，可得最优果蝇个体的食物味道浓度 l_b 及其坐标 I_b：

$$[l_b, I_b] = \min(l_i) \tag{5-27}$$

6）记录并保留最优果蝇个体的食物味道浓度 l_p 及其所在的位置（X，Y），此时果蝇种群利用视觉向该位置飞去：

$$\begin{cases} l_p = l_b \\ X_a = X(I_b) \\ Y_a = Y(I_b) \end{cases} \tag{5-28}$$

7）迭代寻优，重复步骤 2)~5)，并判断最佳食物味道浓度是否优于前一最佳浓度。如果当前迭代次数小于最大迭代次数，则执行步骤 6)。

从果蝇算法的基本步骤中可以看出，在果蝇种群的整个迭代过程中，整个种群都只向每一代中的最优果蝇个体学习，一旦发现最优个体后，所有果蝇都飞往最优位置。但是如果该位置并不是全局最优，则极有可能导致算法陷入局部最优，使得收敛精度和收敛速度受到影响。

二、LFOA 算法

自然界中，很多动物在觅食的过程中都会采用一种“Levy 飞行”的搜索策略，果蝇也不例外。在这种形式的搜索中，既有短距离的探索性蹦蹦跳跳，又有偶尔的长距离跳跃，这两种行走方式保证了果蝇在对自身周围的小范围进行仔细搜索的同时，又能利用偶尔长距离跳跃进入另一个区域，进行更广泛的搜索。许多学者结合 Levy 飞行的这一优点，将其引入进化策略，在一定程度上了改进算法的性能，取得了较好的效果。同时，果蝇种群在整个搜索范围内进行搜索时，全局最优往往存在于局部最优的附近，并且种群的进化速度很大程度上取决于最差个体而不是最优个体。

（一）LFOA 算法描述

具有 Levy 飞行特征的双子群果蝇优化算法（LFOA）以 FOA 为主体，在整个迭代过程中，分别计算果蝇个体 i 与当代种群中最优果蝇个体和最差果蝇个体的距离 D_b 和 D_w。若 $D_b > D_w$，则将果蝇个体 i 划分到以当代最差果蝇个体为中心的较差子群，否则将其划分到以当代最优果蝇个体为中心的较优子群（两个子群中的果蝇个体数量是随着迭代过程动态变化的）。根据两个子群的不同特点，较差子群在最优个体的指导下进行全局搜索，较优子群则围绕最优个体做 Levy 飞行，两个子群的信息通过最优个体的更新和子群的重组进行交换。LFOA 的具体步骤如下：

1）初始化算法参数，设置果蝇种群规模和最大迭代次数，随机确定果蝇种群的初始位置：X_a、Y_a。

2）执行 FOA 算法的步骤 2）~4）。

3）分别找出果蝇种群中食物味道浓度最大（最优个体）和最小（最差个体）的果蝇个体：

$$\begin{cases}[l_b, I_b] = \min(l_i) \\ [l_w, I_w] = \max(l_i)\end{cases} \tag{5-29}$$

4）分别记录并保留最佳食物味道浓度 l_p 及其位置（X_b，Y_b），最差食物味道浓度 l_a 及其位置（X_w，Y_w）：

$$\begin{cases}l_p = l_b \\ X_b = X(I_b) \\ Y_b = Y(I_b)\end{cases} \tag{5-30}$$

$$\begin{cases}l_a = l_w \\ X_w = X(I_w) \\ Y_w = Y(I_w)\end{cases} \tag{5-31}$$

5）分别计算果蝇个体 i 与当代最优果蝇个体的距离 D_b 及与最差果蝇个体的距离 D_w：

$$\begin{cases}D_b = \sqrt{(X_i - X_b)^2 + (Y_i - Y_b)^2} \\ D_w = \sqrt{(X_i - X_w)^2 + (Y_i - Y_w)^2}\end{cases} \tag{5-32}$$

6）若 $D_b > D_w$，则将果蝇个体 i 划分到较差子群，转步骤 7）；否则将果蝇个体 i 划分到较优子群，转步骤 8）。

7）在较差子群中，果蝇个体利用视觉向最优个体飞去，并在其指导下进行全局搜索：

$$\begin{cases}X_i' = X_b + R \\ Y_i' = Y_b + R\end{cases} \tag{5-33}$$

8）在较优子群中，引入 Levy 飞行策略，果蝇个体围绕最优个体做 Levy 飞行：

$$\begin{cases}X_i' = X_i + a(X_i - X_b)L(\lambda) \\ Y_i' = Y_i + a(Y_i - Y_b)L(\lambda)\end{cases} \tag{5-34}$$

式中，（X_i'，Y_i'）为新的果蝇个体位置；a 为步进长度，用于控制 Levy 飞行的步长；$L(\lambda)$ 为 Levy 飞行的随机搜索路径。

9）经过步骤 7）和 8）后，两个子群中的果蝇个体的位置得以更新。估计新位置（X_i'，Y_i'）到原点的距离 D_i'，并计算新位置的食物味道浓度判定值：

$$\begin{cases}D_i' = \sqrt{X_i'^2 + Y_i'^2} \\ S_i' = 1/D_i'\end{cases} \tag{5-35}$$

10）将新位置食物味道浓度判定值 S_i' 代入适应度函数，求出新位置的食物味道浓度：

$$l_i' = f(S_i') \tag{5-36}$$

11）若 $l_i<l_p$，则 $l_p=l_i$，$X_b=X_i'$，$Y_b=Y_i'$；若 $l_i>l_p$，则 $X_w=X_i'$，$Y_w=Y_i'$。

12）迭代寻优，重复步骤 3)~11)，直至达到最大迭代次数或寻优结果满足目标精度要求。

对于式（5-34）中的 Levy 飞行随机搜索路径 $L(\lambda)$，它与时间 t 服从 Levy 分布，通过对其简化和进行傅里叶变换后，可以得到其幂次形式的概率密度函数：

$$L \sim u = t^{-\lambda} \qquad 1<\lambda<3 \tag{5-37}$$

式中，λ 为幂次数。

式（5-37）是一个带有重尾的概率分布，通过较为简单的程序语言进行实现比较困难，因此在计算 Levy 飞行的搜索路径 $L(\lambda)$ 时，采用最多的是 Mantegna 提出的模拟 Levy 飞行路径的计算公式：

$$s = \mu / |\nu|^{\frac{1}{\beta}} \tag{5-38}$$

式中，s 即为 Levy 飞行的随机搜索路径 $L(\lambda)$；参数 β 的取值范围为 $0<\beta<2$，一般取 $\beta=1.5$；参数 μ 和 ν 为正态分布随机数，服从式（5-39）所示的正态分布。

$$\mu \sim \mathrm{N}(0,\sigma_\mu^2), \quad \nu \sim \mathrm{N}(0,\sigma_\nu^2) \tag{5-39}$$

式（5-39）所对应正态分布的标准差 σ_μ 和 σ_ν 的取值满足：

$$\sigma_\mu = \left\{\frac{\Gamma(1+\beta)\sin(\pi\beta/2)}{\Gamma[(1+\beta)/2]2^{\frac{\beta-1}{2}}\beta}\right\}^{\frac{1}{\beta}}, \quad \sigma_\nu = 1 \tag{5-40}$$

通过式（5-38）~式（5-40）就可以计算出 Levy 飞行的随机搜索路径 $L(\lambda)$。

（二）LFOA 性能验证

为了验证 LFOA 算法的有效性，采用 6 个典型的测试函数来验证本部分所提 LFOA 的寻优性能。6 个测试函数的具体形式如下：

Sphere 函数 f_1：

$$f_1(x) = \sum_{i=1}^{n} x_i^2$$

Griewank 函数 f_2：

$$f_2(x) = \frac{1}{4000}\sum_{i=1}^{n}(x_i)^2 - \prod_{i=1}^{n}\cos(x_i/\sqrt{i}) + 1$$

Resonbrock 函数 f_3：

$$f_3(x) = \sum_{i=1}^{n-1}(100(x_{i+1} - x_i^2)^2 + (x_i - 1)^2)$$

Rastrigin 函数 f_4：

$$f_4(x) = \sum_{i=1}^{n}(x_i^2 - 10\cos(2\pi x_i) + 10)$$

Ackley 函数 f_5：

$$f_5(x)=-20\exp\left(-0.2\sqrt{\frac{1}{30}\sum_{i=1}^{n}x_i^2}\right)-\exp\left(\frac{1}{30}\sum_{i=1}^{n}\cos(2\pi x_i)\right)+20+e$$

Scahffer 函数 f_6：

$$f_6(x)=\frac{\sin^2\sqrt{x_1^2+x_2^2}-0.5}{[1+0.001(x_1^2+x_2^2)]^2}-0.5$$

表 5-2 为 6 个测试函数的参数设置，函数的维度越高，变量的搜索区间越大，对优化算法的性能就要求越高，搜索到最优值的难度也就越大。便于对比，参数设置与文献一致，即种群规模为 30，最大迭代次数为 2000，根据各函数的搜索区间确定种群的初始位置，果蝇个体的飞行方向和距离区间为［-1，1］。每个测试函数都独立运行 20 次，并将 20 次实验结果的平均值作为最终的结果。下面从 3 个方面来评价 LFOA 的性能。

表 5-2　测试函数的参数设置

函数	维数	搜索区间	理论极值	函数	维数	搜索区间	理论极值
f_1	30	[-100，100]	0	f_4	30	[-100，100]	0
f_2	30	[-600，600]	0	f_5	30	[-100，100]	0
f_3	30	[-100，100]	10	f_6	2	[-100，100]	-1

（1）LFOA 与 FOA 的对比分析　表 5-3 给出了 LFOA 和 FOA 对 6 个测试函数的实验结果（保留 4 位有效数字），主要包括 20 次实验中的最差值（Max）、最优值（Min）、平均值（Mean）和标准差（Std）。图 5-6 还给出了两种方法对 6 个测试函数的适应度迭代寻优曲线，为了便于观察，图中对适应度值取以 10 为底的对数。

表 5-3　LFOA 和 FOA 对 6 个测试函数的实验结果

函数	算法	最差值	最优值	平均值	标准差
f_1	LFOA	9.5200×10^{-16}	4.0300×10^{-17}	2.2900×10^{-16}	2.1623×10^{-16}
	FOA	0.0231	5.5800×10^{-6}	0.0031	0.0060
f_2	LFOA	0	0	0	0
	FOA	2.0500×10^{-5}	4.2385×10^{-9}	6.6600×10^{-6}	6.1400×10^{-6}
f_3	LFOA	27.9717	26.4716	27.1292	0.2692
	FOA	28.8934	28.3812	28.7450	0.1128
f_4	LFOA	5.3291×10^{-14}	0	3.2863×10^{-15}	1.1639×10^{-15}
	FOA	0.0014	0.0012	0.0013	5.3066×10^{-5}

（续）

函数	算法	最差值	最优值	平均值	标准差
f_5	LFOA	1.8200×10^{-5}	4.4700×10^{-9}	9.7100×10^{-9}	3.6958×10^{-9}
	FOA	0.0965	0.0002	0.0414	0.0385
f_6	LFOA	-1	-1	-1	0
	FOA	-0.9986	-0.9998	-0.9996	0.0003

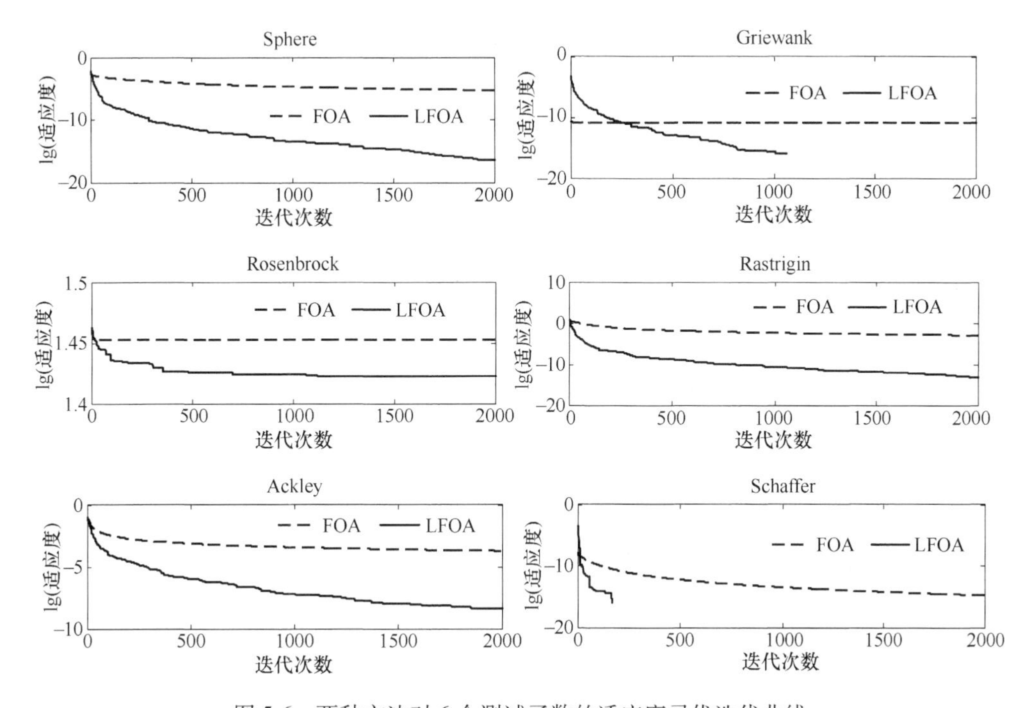

图 5-6 两种方法对 6 个测试函数的适应度寻优迭代曲线

从表 5-3 中可以看出，对于单峰值函数 f_1 和 f_3，LFOA 在 4 个评价指标上基本都要优于 FOA（除了 FOA 对 f_3 测试的 Std 小于 LFOA 以外），从迭代曲线中也可以看出，FOA 在陷入局部最优后无法跳出，导致收敛精度不高，而 LFOA 不仅则能够跳出局部最优，进行全局搜索，而且收敛速度也明显快于 FOA；对于多峰值函数 f_2、f_4 和 f_5，LFOA 更易实现全局收敛，在几种评价指标上明显优于 FOA，并且 20 次实验都搜寻到了 f_2 的理论极值，而 f_4 和 f_5 的最优值相比 FOA 最少也提高了 11 个和 3 个数量级，同时迭代曲线也表明 LFOA 的寻优速度显著优于 FOA；强烈震荡的函数 f_6 在唯一的理论极值附近有无数个极小点，不易找到全局最优，而 LFOA 在 20 次实验中都很快收敛到理论极值-1，标准差也为 0，FOA 收敛的最优值虽然也很接近理论极值，但收敛速度明显不如 LFOA，并且寻优稳定性也略差于 LFOA。

（2）LFOA 与参考文献中方法的对比分析 表 5-4 为 LFOA 和粒子群优化算法

(SPSO)、自适应粒子群优化算法（APSO）、人工鱼群算法（AFSA）、全局版人工鱼群算法（GAFSA）4 种方法的实验结果对比，实验结果均为 20 次独立实验结果的平均值。从表 5-4 中可以看出，在 LFOA 的搜索范围、迭代次数及种群规模都比参考文献中更为严格的情况下，LFOA 的实验结果基本上都要好于其他 4 种方法。对于f_1，LFOA 的效果好于 AFSA，相比其他几种方法要差；对于f_2，在 5 种方法中，只有 LFOA 搜寻到了其理论极值；LFOA 对于f_3的寻优精度虽然略差于 GAFSA，但相比其他几种方法却有了很大程度提高；对于f_4和f_5，LFOA 的寻优结果最好，相差最少达 17 个和 10 个数量级；而对于f_6，LFOA 搜寻到了其理论极值。

表 5-4　各算法实验结果对比

函数	LFOA 算法	SPSO 算法	APSO 算法	AFSA 算法	GAFSA 算法
f_1	2.2900×10^{-16}	1.1×10^{-24}	1.2×10^{-32}	1.012182×10^{4}	1.1×10^{-146}
f_2	0	0.13	0.0039	1.065802×10^{2}	1.4×10^{-5}
f_3	27.1292	31.4	33.6	1.09×10^{10}	2.473051×10
f_4	3.2863×10^{-15}	101.7	50.1	3.068264×10^{2}	6.674231×10
f_5	9.7100×10^{-9}	4.76	1.45	—	—
f_6	-1	—	—	—	—

（3）LFOA 与改进 FOA 的对比分析　表 5-5 为 LFOA 与文献中的自适应混沌果蝇优化算法（Adaptive Chaos Fruit Fly Optimization Algorithm，ACFOA）和结合元胞自动机的果蝇优化算法（Fruit Fly Optimization Algorithm based on Cellular Automata，CAFOA）的实验结果对比。从表 5-5 中可以看出，此处提出的 LFOA 对 6 个测试函数的实验结果都要好于 CAFOA，尤其是对于f_1和f_4，最优值的数量级提高了 10 个以上。从与 ACFOA 的对比结果来看，LFOA 对于f_1和f_4的测试结果要差；对f_2和f_6来说，两种方法的测试结果相当，两个函数的理论极值均被找到；而对于f_3和f_5，LFOA 的实验结果更好，尤其是f_5，LFOA 搜寻得到的最优值的数量级相比 ACFOA 提高了近 10 个。以上分析表明，LFOA 与两种改进 FOA 相比，LFOA 的性能相对好于 CAFOA，和 ACFOA 都有各自的优势，性能不相上下。

表 5-5　3 种改进 FOA 优化均值对比

函数	LFOA 算法	ACFOA 算法	CAFOA 算法
f_1	2.2900×10^{-16}	3.8126×10^{-21}	2.2037×10^{-4}
f_2	0	0	6.0526×10^{-9}
f_3	27.1292	28.7327	28.4748
f_4	3.2863×10^{-15}	1.7764×10^{-15}	0.0024
f_5	9.7100×10^{-9}	1.6844	0.0011
f_6	-1	-1	-0.9999

三、SVM 参数优化

（一）优化流程

SVM 的参数对其分类性能具有重要的影响，利用传统的优化方法不易实现最优参数的选择。而改进的果蝇算法具有全局寻优能力，将其用于 SVM 的参数优化，能够找到更优的 SVM 参数组合，进而提高 SVM 的分类性能。

基于 LFOA 优化 SVM 参数的流程如图 5-7 所示，具体步骤如下：

1）将数据集分为训练样本和测试样本，训练样本用于选择最优 SVM 参数和建立优化 SVM 模型，测试样本则用于检验优化模型的效果。

2）初始化 LFOA 的种群规模、最大迭代次数、果蝇个体随机搜索的方向和距离、步进长度等信息。

3）对训练样本进行交叉验证获得分类准确率，并将其作为适应度函数，以反映 SVM 的分类性能，适应度函数的计算公式如下：

$$f(y)=\frac{y_t}{y_t+y_f}\times 100\% \tag{5-41}$$

式中，y_t 和 y_f 分别为正确分类个数和错误分类个数。

4）根据果蝇个体适应度值，按照种群划分规则将果蝇种群分为较差子群和较优子群，并更新果蝇个体的位置。

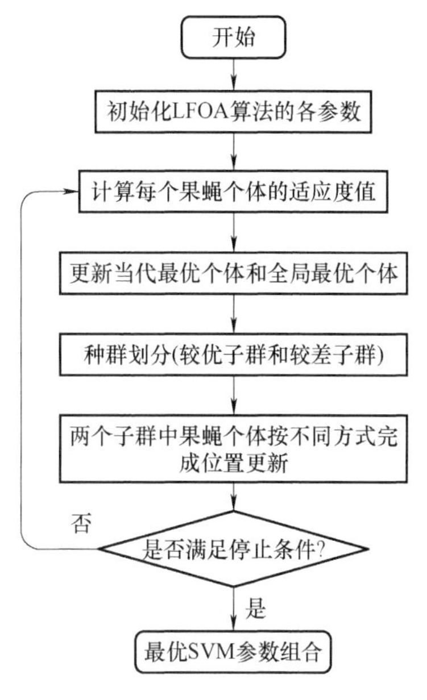

图 5-7　基于 LFOA 优化 SVM 参数的流程

5）计算果蝇个体新位置的适应度，将分类准确率与历史最优分类准确率进行比较，并更新全局最优信息。

6）判断迭代次数是否满足终止条件，如不满足要求，再进一步计算，重复步骤 4）和 5）。如满足要求，则停止计算，输出最优参数。

（二）性能验证

选用 UCI 数据库中 3 个标准测试数据集来验证 LFOA-SVM 的有效性，数据集信息见表 5-6。表 5-6 中 3 个数据集的特征维数不同，可以检验优化 SVM 模型对不同特征维数数据的分类性能。数据集 German 代表二分类问题，Segment 和 Glass 分别代表多分类问题中的平衡数据集和不平衡数据集。

为了突出 LFOA 的优势，采用 FOA、GA 和 PSO 分别对 SVM 的参数 C 和 g 进行寻优。在所有的算法中，种群规模均为 20，最大迭代次数为 100，C 和 g 的搜索范围均为 0~1000；在 LFOA 算法中，步进长度 $a=0.5$；在 GA 算法中，交叉概率

$p_c=0.7$，变异概率 $p_m=0.1$；在 PSO 算法中，惯性权重 $w=0.75$，局部搜索参数 $c_1=1.5$，全局搜索参数 $c_2=1.7$。

表 5-6 UCI 数据集信息

数据集	特征维数	类别	训练样本	测试样本
German	24	2	200	800
Glass	9	6	85	129
Segment	18	7	700	1610

对于二分类数据 German，图 5-8 给出了 4 种方法在寻优迭代过程中的适应度曲线，从中可以看出，LFOA 以很快的速度达到了最大适应度值 70%，相比其他三种算法，寻优的速度更快，收敛的精度更高。对于多分类数据 Segment 和 Glass，图 5-9 和图 5-10 同样给出了 4 种方法在寻优迭代过程中的适应度曲线，从中可以发现 FOA、GA 和 PSO 算法都不同程度地陷入了局部最优并且无法跳出，而 LFOA 不仅能够跳出局部最优，并且能以更快的速度和精度找到 SVM 的最优参数。

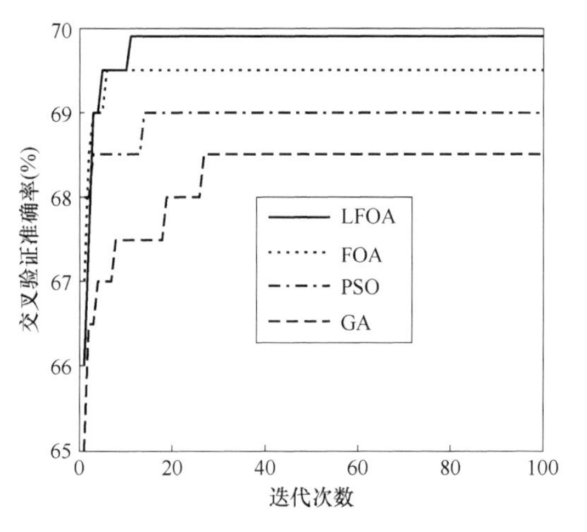

图 5-8 German 数据集寻优迭代过程中的适应度曲线

将 3 个数据集中的测试样本输入 4 种优化后的 SVM 模型中进行测试，表 5-7~5-9 分别给出了 3 个数据集的测试结果，表中消耗时间为用训练样本建立优化模型所需的时间。从表 5-7~5-9 的实验结果可知，不同的优化方法寻找到的 C 和 g 的值是不同的，LFOA 利用其出色的全局搜索能力和跳出局部最优的能力，经其优化的 SVM 获得了最高的分类准确率，特别是对于不平衡数据集 Glass，测试准确率有了明显提高，从工程实际的角度来看，具有重要的意义。从优化模型建立所需时间上看，随着数据类别和维数的增加，4 种方法的运算时间也随之增加，LFOA 由于在 FOA 的基础上增加了子群划分和信息交换等过程，使得优化模型建立所需的时间略有增加，但相比 GA 和 PSO 仍然有了大幅度的降低。以上分析说明本部分提出的 LFOA 算法在 SVM 的参数优化中相比 FOA、GA 和 PSO 算法具有明显的优势。

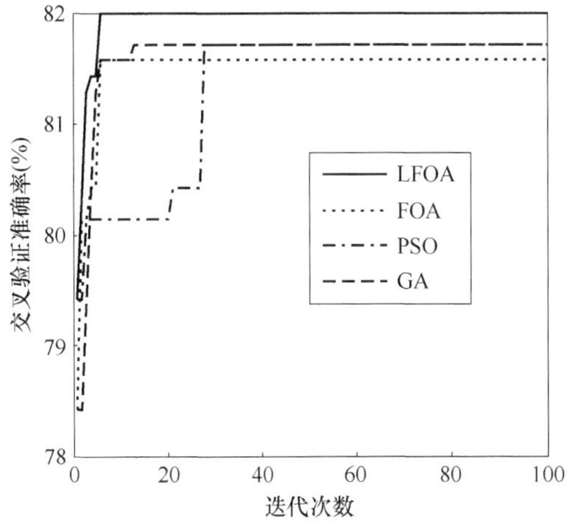

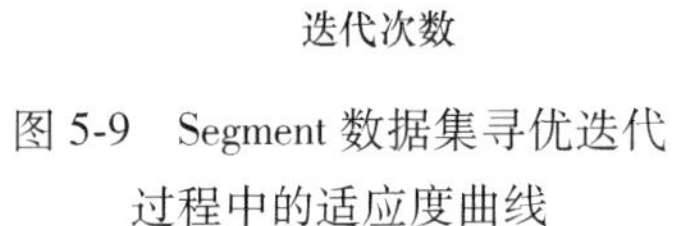
图 5-9　Segment 数据集寻优迭代过程中的适应度曲线

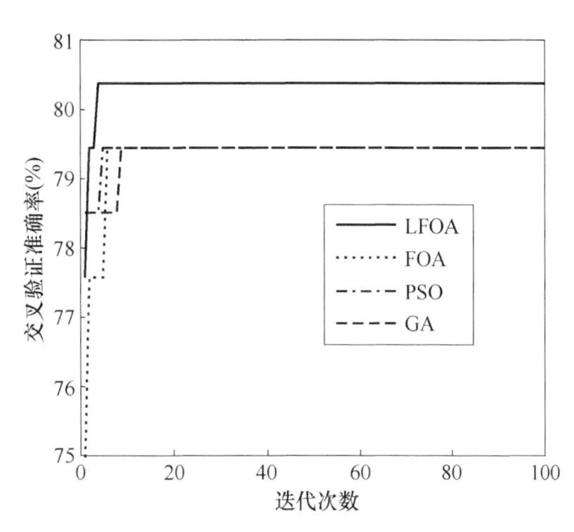

图 5-10　Glass 数据集寻优迭代过程中的适应度曲线

表 5-7　German 数据测试结果

算法	准确率（%）	消耗时间/s	C	g
LFOA-SVM	72. 8250	33. 0549	3. 0731	0. 1128
FOA-SVM	72. 6250	30. 9033	3. 3764	0. 1013
GA-SVM	71. 8750	79. 3651	1. 7015	0. 0547
PSO-SVM	72. 5000	56. 9700	3. 1763	0. 1020

表 5-8　Glass 数据测试结果

算法	准确率（%）	消耗时间/s	C	g
LFOA-SVM	67. 4418	10. 5046	9. 6151	10. 7151
FOA-SVM	64. 8598	10. 4452	80. 1397	8. 0140
GA-SVM	62. 0155	24. 7808	75. 1109	14. 6309
PSO-SVM	64. 3410	15. 0544	10. 0138	10. 1400

表 5-9　Segment 数据测试结果

算法	准确率（%）	消耗时间/s	C	g
LFOA-SVM	82. 6087	141. 9624	21. 0546	0. 0875
FOA-SVM	82. 5466	138. 6546	3. 8242	0. 3824
GA-SVM	82. 1739	373. 9882	4. 5046	0. 1737
PSO-SVM	82. 4442	285. 1161	8. 9041	0. 1534

四、MSVM 参数优化

（一）优化流程

选用具有全局特性的多项式核函数和具有局部特性的 Gauss 径向基核函数构造组合核，并利用 LFOA 对核函数的权值进行寻优。参数优化的步骤如下所述，详细流程如图 5-11 所示。

1）随机选出部分样本数据作为 MSVM 的训练样本，初始化 LFOA 算法的果蝇种群数量和个体数量、最大迭代次数、迭代初始位置及步长调节系数。由于此处所构建的 MSVM 包含 M 个核函数权值 $\{\lambda_1, \lambda_2, \cdots, \lambda_M\}$，因此分别取 M 个随机数作为初始坐标。

2）采用 5 折交叉验证计算准确率均值，从而得到适应度函数，当达到最大平均准确率时，将核函数参数赋予 MSVM。

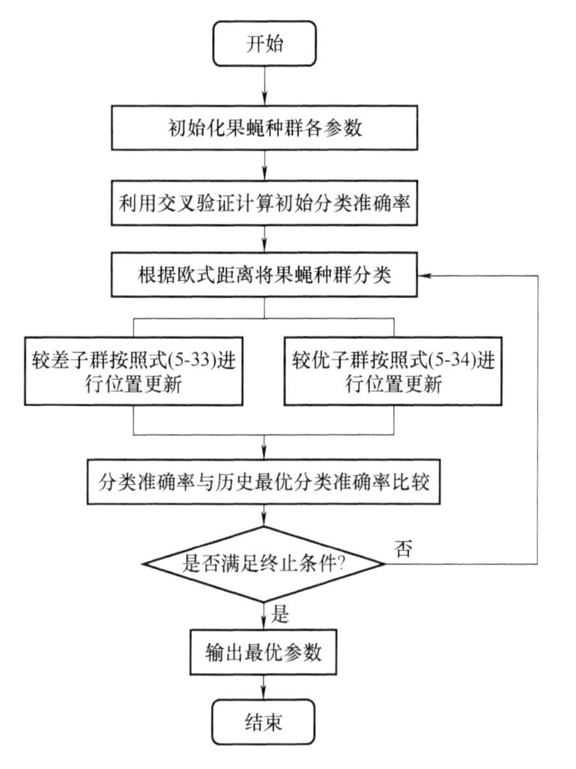

图 5-11　LFOA 优化 MSVM 详细流程

3）计算最优个体与当前个体的欧式距离，以及最差个体与当前个体的欧式距离，根据计算结果将果蝇划分至较优子群和较差子群，进行迭代更新。

4）计算分类准确率，更新适应度，在比较规则的指导下更新全局信息。

5）判断是否达到最大迭代次数，若未达到，则重复步骤 3）和 4），若达到，则计算结束，输出最佳参数 $\{\lambda_1, \lambda_2, \cdots, \lambda_M\}$。

（二）性能验证

为了测试 LFOA-MSVM 的分类性能，从 UCI 机器学习数据库中选取 3 个标准数据集进行对比分析，表 5-10 给出了所使用的 UCI 数据集信息。

表 5-10　UCI 数据集信息

数据集	类别数	特征维数	训练样本	测试样本
Ionosphere	2	34	100	251
Vehicle	4	18	400	446
Glass	6	9	107	107

MSVM 的核函数选取 Gauss 径向基核函数和多项式核函数，其中，15 个 Gauss 径向基核函数的参数 $g \in \{2^{-7}, 2^{-6}, \cdots, 2^{0}, \cdots, 2^{7}\}$，3 个多项式核函数的阶次 $d \in \{1, 2, 3\}$。多次实验可知，当 $C=100$ 时可获得较好的分类效果。为进一步分析 LFOA 的性能，利用传统的果蝇算法、GA 以及 PSO 对 MSVM 的权值 λ 进行优化选取。在各算法中，迭代次数均为 100，设定种群规模数量为 20，MSVM 参数的搜索区间 $\lambda \in [0, 1]$；在 LFOA 算法中，果蝇个体步长 a 取 0.9；PSO 算法中，种群全局寻优参数 $c_2 = 1.7$，局部寻优参数 $c_1 = 1.5$；GA 算法中，个体变异概率取为 $p_m = 0.1$，交叉概率取为 $p_c = 0.7$。

利用表 5-10 中的 3 组数据按照第五章第二节所述的流程对 MSVM 的性能进行测试，每种优化方法各进行 10 次实验。图 5-12 为 4 种优化方法得到最优组合核时，3 个数据集分类准确率的寻优迭代曲线，表 5-11 中是测试样本的测试准确率。

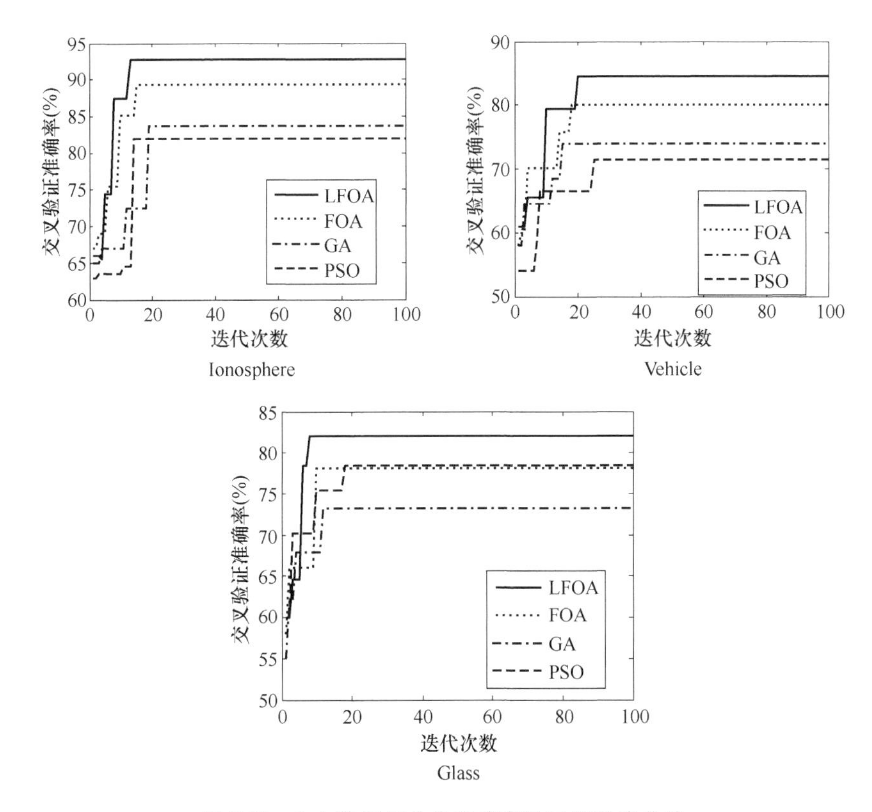

图 5-12　3 个数据集分类准确率的寻优迭代曲线

分析寻优迭代曲线和表 5-11 可知，在 Ionosphere 数据集中，LFOA 的适应度和收敛速度均好于其他三种方法，虽然 FOA 的收敛速度相对 LFOA 较慢，但达到了高于 GA 和 PSO 的适应度；在 Vehicle 数据集中，由于数据集的样本数相对较大，LFOA 的收敛速度比 FOA 和 GA 慢，且在早期的迭代次数中有 FOA 的适应度超过

LFOA 的情况；在 Glass 数据集中，除 PSO 以外的算法均以较快的速度收敛，在收敛精度上 PSO 和 FOA 较为接近，而 LFOA 依然达到了最高。从每种方法的寻优过程可以看出，FOA 、GA 和 PSO 均在早期迭代中陷入局部最优，而 LFOA 利用 Levy 飞行较好地避免了陷入局部最优，从而表现出更高的全局寻优性能。

表 5-11　UCI 数据集测试准确率　（%）

数据集	LFOA 算法	FOA 算法	GA 算法	PSO 算法
Ionosphere	92. 83	89. 24	85. 66	83. 67
Vehicle	83. 86	81. 61	75. 11	72. 87
Glass	80. 37	77. 57	74. 77	77. 57

4 种优化方法 10 次实验的平均优化时间见表 5-12，括号中为达到最高识别率时加入的从核数量。从表 5-12 中可以看出，对于 Ionosphere 数据集和 Vehicle 数据集，LFOA 是加入从核数量最少的算法之一，且在 Glass 数据集中仅多于 FOA 算法。LFOA 算法相比 GA 和 PSO 算法能够以更少的时间得到最优组合核，且使用的子核数量更少，有效避免了核冗余，提高了 MSVM 模型建立的效率。

表 5-12　UCI 数据集平均优化时间　（单位：s）

数据集	LFOA 算法	FOA 算法	GA 算法	PSO 算法
Ionosphere	291. 87（7）	227. 39（8）	287. 16（7）	335. 21（10）
Vehicle	814. 06（4）	790. 93（4）	856. 48（6）	960. 74（9）
Glass	131. 05（5）	83. 17（3）	158. 23（6）	190. 46（8）

五、RVM 参数优化

（一）优化流程

LFOA-RVM 分类模型如图 5-13 所示，具体建模步骤如下：

1）从全部数据集中随机选出一定数量的训练样本用作 RVM 核函数参数选取，设置 LFOA 算法的果蝇数量、寻优起始位置和 Levy 飞行步长调节系数等初始参数。

2）对训练样本采用 5 折交叉验证，将交叉验证过程中的平均准确率作为适应度函数，选取最大平均识别正确率所对应的核函数参数值作为 RVM 分类模型参数的设定值。

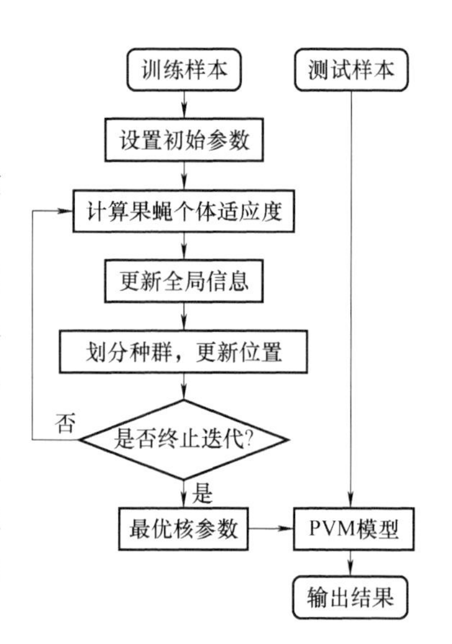

图 5-13　LFOA-RVM 分类模型

3）计算与最优个体和最差个体之间的欧氏

距离大小来将果蝇分类，并更新位置。

4）依据果蝇所在位置的适应度，按照规则更新全局信息。

5）通过多次执行步骤 3）~4）可获得最优核函数参数，完成分类模型的建立。

（二）性能验证

为了测试 LFOA-RVM 模型的分类性能，从 UCI 标准数据库中选取 4 个数据集进行实验。实验中使用的 UCI 数据集信息见表 5-13。

表 5-13　数据集信息

数据集	特征维数	类别数	样本总数	训练样本	测试样本
Ionosphere	34	2	351	100	251
Wine	13	3	178	95	83
Vehicle	18	4	846	400	446
Segment	18	7	2310	700	1610

为了便于对比，分别利用 LFOA、FOA、遗传算法（GA）和粒子群算法（PSO）同时对 RVM 的核参数 g 进行寻优，将全部算法的种群规模设置为 20，迭代次数设置为 100，g 的寻优范围设置为 0~500，在 LFOA 算法中步进长度 a 设置为 1.5，GA 算法中交叉概率 $p_c=0.7$、变异概率 $p_m=0.1$，PSO 中局部寻优参数 $c_1=1.5$、全局寻优参数 $c_2=1.7$。

利用表 5-13 中的 4 组数据按照优化流程对 LFOA-RVM 性能进行测试，寻优迭代过程中的适应度曲线如图 5-14 所示。

根据图 5-14 可知，FOA、GA 和 PSO 算法在寻优时都不同程度地出现了陷入局部最优解而无法跳出的情况，与以上三种算法相比，LFOA 由于 Levy 飞行高度的随机性从而更容易跳出局部最优，并且适应度更高、寻优速度更快。

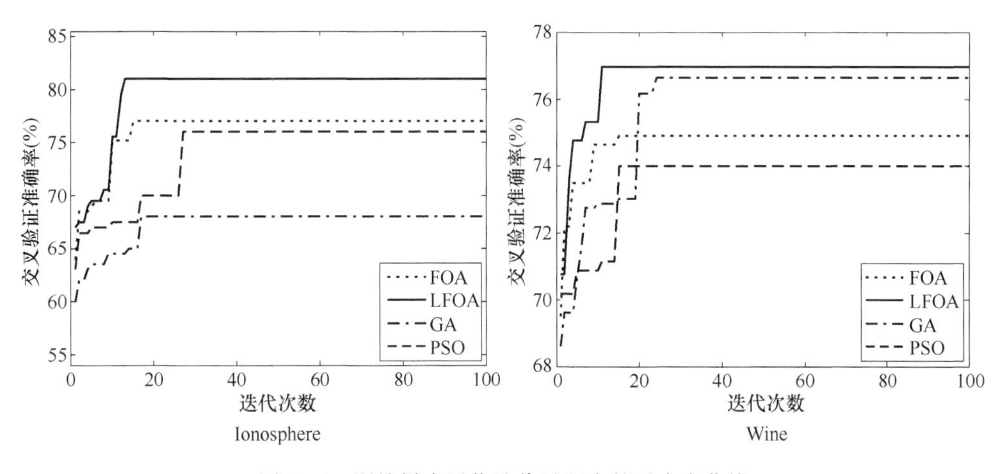

图 5-14　训练样本寻优迭代过程中的适应度曲线

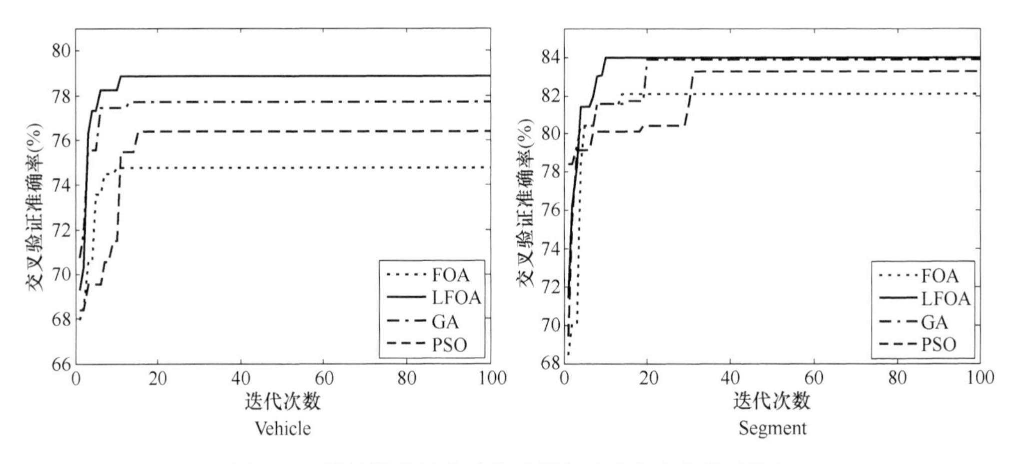

图 5-14 训练样本寻优迭代过程中的适应度曲线（续）

4 组数据集测试样本的测试结果见表 5-14，其中平均准确率为使用数据进行 10 次实验后得到的平均识别正确率，其中 A 表示文中提出的决策策略，B 表示使用传统的 MVW 策略，最高准确率为实验过程中采用新决策策略时得到的最高测试准确率，最优核函数参数为达到最高测试准确率时 RVM 分类模型的 g 值。

表 5-14 数据集测试样本的测试结果

Ionosphere

算法	平均准确率（%）	最高准确率（%）	最优核参数 g
FOA	82.27	82.47	0.9228
LFOA	82.67	82.87	0.9161
GA	72.90	74.90	2.5755
PSO	60.56	61.73	26.7641

Wine

算法	平均准确率（A/B)(%)	最高准确率（%）	最优核参数 g
FOA	71.39/71.08	72.29	9.1672
LFOA	74.70/73.49	74.70	5.5343
GA	69.88/69.88	71.08	85.0340
PSO	72.29/68.67	73.49	91.6484

Vehicle

算法	平均准确率（A/B)(%)	最高准确率（%）	最优核参数 g
FOA	74.39/73.54	74.89	1.5390
LFOA	77.92/75.56	78.03	4.2674
GA	75.28/71.08	76.23	5.3810
PSO	60.79/59.46	73.77	2.8314

（续）

Segment			
算法	平均准确率（A/B）(%)	最高准确率（%）	最优核参数 g
FOA	74.67/73.78	75.16	13.3744
LFOA	83.25/82.42	83.42	169.3604
GA	81.71/81.37	83.35	169.7302
PSO	83.05/79.03	83.11	162.2023

根据测试结果可知，LFOA-RVM 不论是解决二分类问题或者是多分类问题，都可以达到较高的测试准确率，并且 4 组 UCI 数据集的最优核参数值跨度较大，表明了 LFOA 算法具备较强的全局搜索能力，验证了利用 LFOA 算法对 RVM 核参数进行搜索寻优的有效性；同时，由于文中提出的多分类决策策略可以在一定程度内对每个二分类器输出的后验概率的贡献程度进行“奖励”或“惩罚”，所以其测试平均准确率要高于传统的 MVW 策略。综合以上分析可知，文中提出的多分类决策策略性能要优于传统的 MVW 策略，且 LFOA 算法可较精确地搜索到 RVM 的最优核参数，并能够获得较高的测试正确率，为了便于比较各算法的寻优稳定性，计算出经多次实验测试结果的方差见表 5-15。

表 5-15 多次实验测试结果的方差

算法	Ionosphere 数据集	Wine 数据集	Vehicle 数据集	Segment 数据集
FOA	0.0547	1.4225	0.1502	0.1038
LFOA	0.0547	0	0.1724	0.0564
GA	5.0682	0.9562	1.1533	3.7964
PSO	0.7095	1.7029	60.8662	0.0811

由表 5-15 可知，Ionosphere、Wine 和 Segment 数据集测试结果的方差中 LFOA 算法小于其他几种算法，Vehicle 数据集中 LFOA 的方差虽略大于 FOA，但明显小于其他两种算法，表明了 LFOA-RVM 测试结果的波动程度较小，从而验证了该方法具备较高的寻优稳定性。综合以上分析可知，LFOA 算法可较精确地搜索 RVM 的最优核参数，并能达到较高的测试准确率，较其他几种算法而言，具备一定优势。

第四节 向量机诊断模型

一、LFOA-SVM 故障诊断模型

以机械振动信号为研究对象，从多个角度提取高维多域故障特征集，然后对特

征集进行维数约简。利用本章介绍的 SVM 参数优化方法，提高 SVM 的分类性能，建立故障诊断模型，详细流程如下：

1）信号采集。预置典型故障，布置数据采集装置，并优化传感器测点，测取一定数量振动信号，将所有数据分为训练样本和测试样本。

2）特征提取。结合时频域、复杂度域、时频分析和图像特征分析，对训练样本提取出高维多域故障特征集。

3）维数约简。依据维数约简方法对训练样本特征集进行维数约简，得到可分性好的低维故障特征集。

4）利用参数优化方法和训练样本的低维故障特征集建立多分类向量机故障诊断模型。

在得到多分类优化支持向量机模型的基础上，将测试样本的低维故障特征加以输入，进而识别不同的故障状态。故障诊断模型构建和诊断识别的流程如图 5-15 所示。

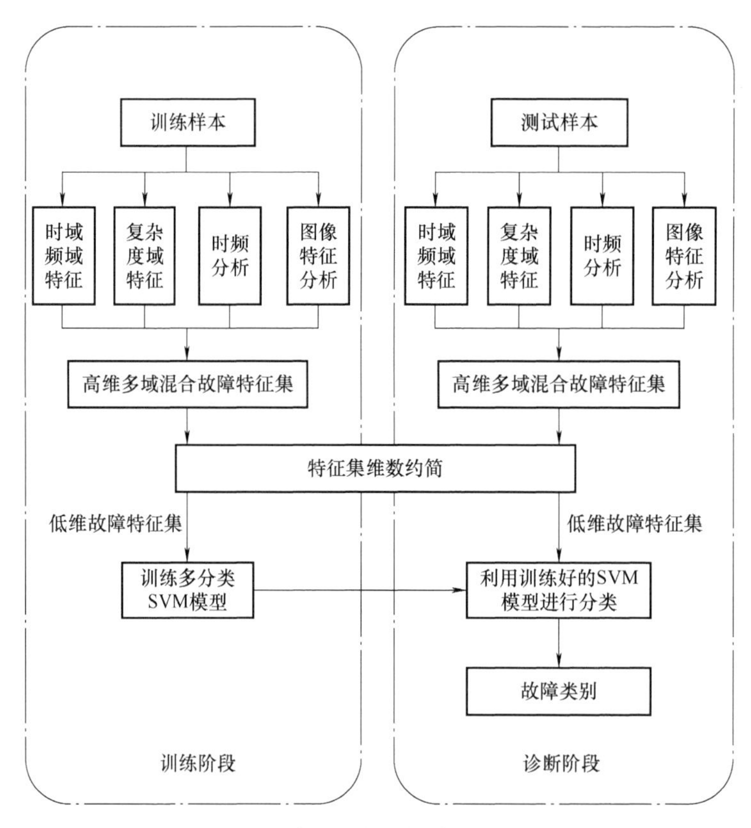

图 5-15 SVM 故障诊断模型构建和诊断识别的流程

二、LFOA-MSVM 故障诊断模型

组合核弥补了单核的缺陷，为了充分利用组合核的优势就必须建立有效的 MSVM 模型。常见的组合核优化方法是同步优化（Synchronous optimization）方法，即首先根据经验选取出一系列子核，然后同时对所有子核的权值进行优化，利用优化后的权值合并子核，从而求得 MSVM 模型。这种方法实质上是各个单核 SVM 效果的折中，一般能够保证 MSVM 得到较好的识别准确率，它的性能下限由性能最差的子核决定。然而在非线性组合的组合核中，这个下限可能无法保证，并且可能存在较多的冗余核，降低模型建立的效率。

主从核逐步优化的 LFOA-MSVM 模型建立方法，由性能最好的子核决定性能下限。该优化方法的流程如图 5-16 所示，详细流程如下：

1）对各个子核分别进行建模，得到每个单核 SVM 的测试识别准确率，由最高识别准确率选出初始主核，其余子核则作为从核。

2）在主核的基础上，按照识别率高低依次加入从核，同时，利用 LFOA 算法对组合核权值进行优化，构造新的主核，训练得到新的模型。

3）在训练过程中，如果加入从核后识别率提高，且有剩余从核，则转步骤 2)；若识别率不再提高，则说明该从核冗余，停止训练过程。

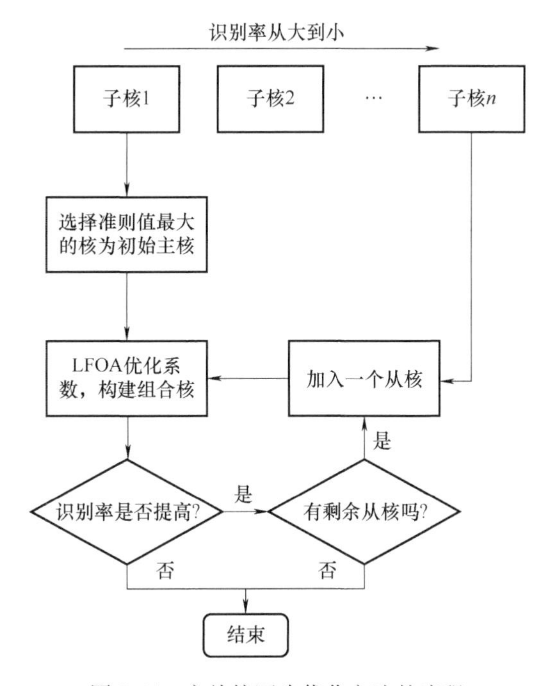

图 5-16　主从核逐步优化方法的流程

一般认为，以目标识别率为评判标准的优化方法性能较为稳定。在构建 MSVM 模型的过程中，支持向量机的性能以识别准确率作为评判标准，其下限由初始主核及后续得到的新主核决定。因此，MSVM 的识别准确率越高，越接近最优解，从而获得更为理想的性能。

采用主从核逐步优化的组合核构造方法，为每两类训练样本的低维特征集构造组合核，得到优化核函数及其权值的二类分类 MSVM，采用“一对一”法组合所有二类分类 MSVM 构建多分类模型。将测试样本低维特征集输入 MSVM 分类模型，识别故障状态。故障诊断模型构建和诊断识别的流程如图 5-17 所示。

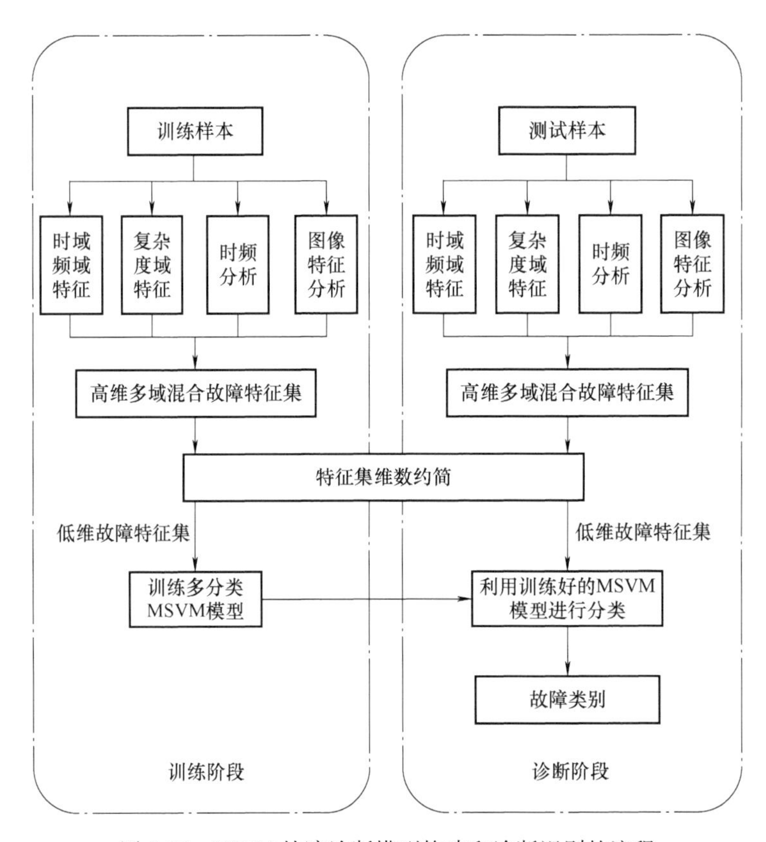

图 5-17　MSVM 故障诊断模型构建和诊断识别的流程

三、LFOA-RVM 故障诊断模型

依据前面所述振动信号特征提取方法对训练样本和测试样本参数特征进行全面提取，通过维数约简方法消减特征之间的冗余信息，利用训练样本的低维特征集，对 RVM 核函数参数进行全局搜索寻优，使用最优核函数参数建立 RVM 多分类模型，构建故障诊断模型。基于相关向量机的故障诊断模型构建和诊断识别的流程如

图 5-18 所示。

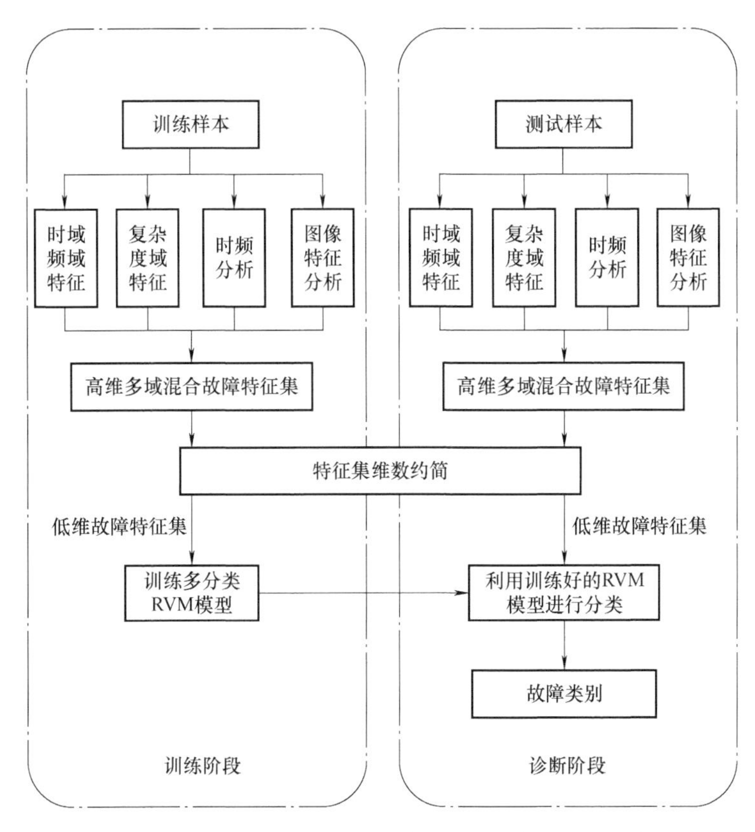

图 5-18　RVM 故障诊断模型构建和诊断识别的流程

机械系统故障诊断

第一节　概　　述

自动机是高射火炮等自动武器火力系统的核心组成部分，属于典型的复杂往复机械系统。自动机利用火药气体压力或者外部能源动力自动完成重新装填弹药和完成发射下一发炮弹，是实现自动连续发射的主要机构。在自动机工作的每一次循环过程中，能完成自动供弹、输弹和关闩、闭锁、击发、击针等击发装置复位、开锁、开闩、抽筒等循环过程，以上连续动作是自动机完成自动发射功能所必须完成的一般性过程，但并非所有自动机都必须严格按照上述动作工作，也存在许多种类的自动机为了满足提升射速的要求而将上述过程中的某两种动作合并在一起完成，例如俄罗斯的 HP-23 式航炮自动机，其输弹过程和关闩过程由自动机一次性完成，在开闩过程中完成抽筒动作，以及美国的 M61A1 式转管自动机，依靠身管的旋转将发射过程中的自动动作“并联”，从而达到提升射速的要求。

自动机振动激励源众多且复杂，各振动激励源之间相互干扰和耦合，当受到冲击载荷激励时，自动机各运动构件以固有频率和振型独立或相互影响地进行复杂的瞬态振动，然后再沿多种途径传播到自动机箱体表面，这就很难建立精确的模型进行理论推导和计算，使得对自动机振动的分析难度远远大于常见的机械设备。

本章主要介绍振动信号处理与故障诊断技术在往复机械系统故障诊断中的应用，以自动机为研究对象进行分析，讨论信号采集、特征提取、特征维数约简等方法的有效性和故障诊断模型的分类性能。

第二节　往复机械系统特性

一、自动机组成与技术特点

高炮自动机在运行过程中，通过发射药燃烧产生的压力或者其他外部能源产生的动力，能够自动完成重新装弹及发射下一发炮弹的循环动作。通常情况下，自动机主要包括供输弹机构、炮身、炮闩、发射机构，以及反后坐装置和保险机构等，在炮箱或摇架的依托下紧密结合。自动机的主要组成结构如图 6-1 所示，各部分的功能如下所述。

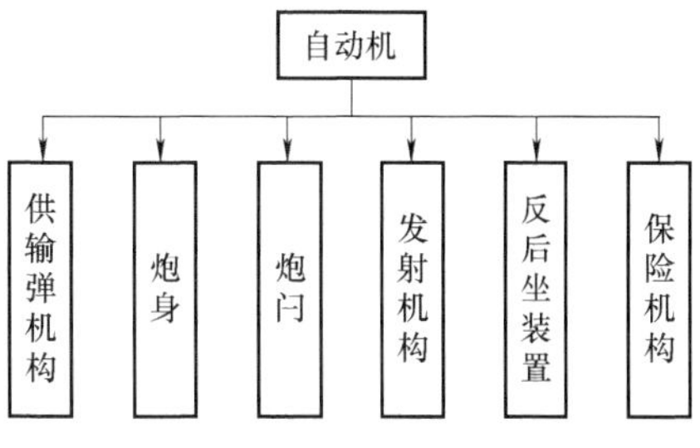

图 6-1 自动机的主要组成结构

（1）供弹机 其在火药燃气或其他外部能源的作用下输送炮弹，有些供弹机还具有弹种转换功能。输弹机带动炮闩完成后坐和复进等一系列动作，使最前面的炮弹依次输送入炮膛。

（2）炮身 其主要由身管、导气装置和炮口装置等组成，利用火药气体压力赋予弹丸初速、旋速和方向，并将导出的部分火药气体用于炮闩的工作循环。

（3）炮闩 其主要用于闭锁炮膛、控制药筒运动、击发及抽筒等。

（4）发射机构 其通过扣机控制发射的开始或停止。

（5）反后坐装置 其作用是在火炮后坐与复进过程中，消耗并储存作用在炮架上的后坐能量，缩短复进长度，提高射击的稳定性。

（6）保险机构 其功能是保障自动机各个机构实现正确、有序和可靠的联动，保证自动机的正常工作及操作安全。

根据自动机各部分的组成及功能，一般情况下自动机的每个工作循环过程能够完成的动作包括输弹、关闩、闭锁、击发，以及开锁、开闩、抽筒、抛壳等。但并不是所有的自动机都要求能够完成上述所有动作，例如有些自动机可能并没有其中的某个动作，而有些自动机为了提高射速，将某两种动作合并。

从自动机自身的结构来看，自动机属于复杂机械，各部件、机构的运动中夹杂着往复运动和旋转运动，其主要运动特点如下：

（1）顺序性和间歇性 在自动机的每一次射击循环过程中，并不是每个机构同时工作，而是按照一定的次序参与工作，很多构件间存在主动和从动、约束与反约束的关系，例如在关闩到位后闭锁机构开始闭锁，在开锁、开闩的过程中完成击发装置复位等，各个机构的运动间表现出很强的关联性和严格的时序性。图 6-2 所示为某导气式自动机的位移循环图，从图中可以看出，在闩座的后坐过程和复进过程中，各个动作相互协调配合，各行程按照一定顺序间歇或连续展开。

（2）运动速度快，循环时间短 自动机的工作过程具备较强的循环特性，对于完整的射击过程来说，自动机的运动又具备典型的周期性。由于火炮射速较高，因此可以认为自动机是一个高频周期性工作的机械，各个部分之间具备严格的运动时序性，所以部分机构或部件在一次循环周期中由于自身工作所消耗的时间仅占全部周期的一小部分，运动时间很短，运动速度较高。例如射速为 1000 发/min 的自动机，每个循环过程的时间为 60ms，分配到每个动作的时间更少，极短的运动周

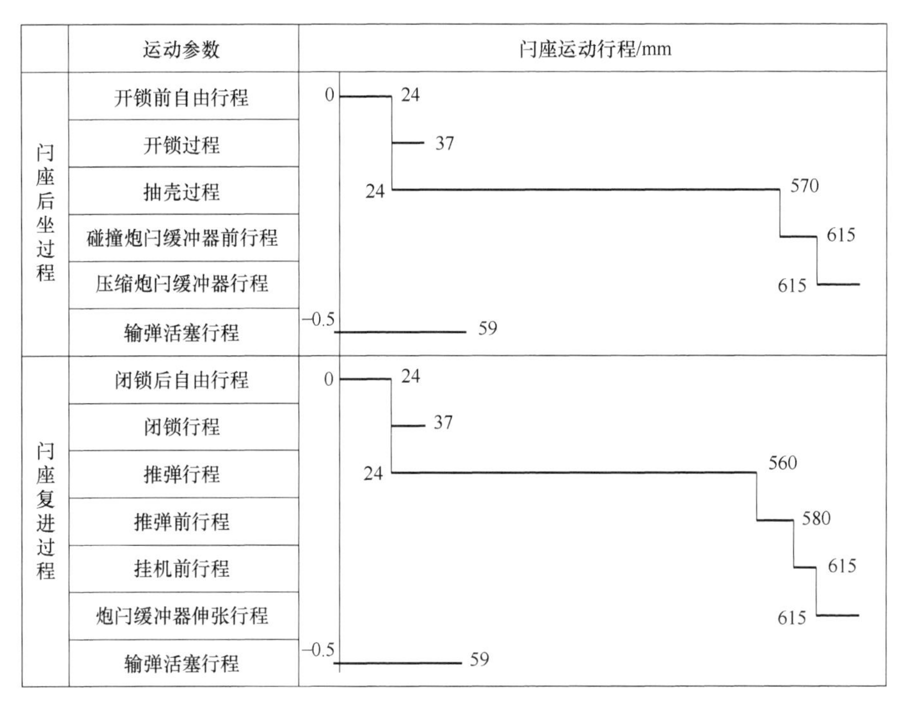

图 6-2　某导气式自动机的位移循环图

期使各个构件产生极高的速度和极大的加速度。

（3）存在大量碰撞、摩擦　自动机内部的各个机构或部件多数依靠炮箱安装在较为狭窄的空间里，在短暂的工作时间里，历经静止状态到最大速度，再通过减速回到静止状态，加速度极大，部分零部件在参与或退出工作时往往伴随着大量的撞击现象，部件之间不可避免地存在一些碰撞与摩擦。

二、自动机典型故障的故障机理

自动机射击击发后，炮闩、供输弹等机构会在火药气体的作用下高速运动，完成自动供输弹和连续射击等过程，这是引起自动机箱体振动的一个主要激励源。由于射击过程中自动机各机构的周期性往复运动和旋转运动，支撑刚度反复变化、结构作用扭矩连续变化，它们都会引起激振力作用，会产生一定方向和频率的机械振动。各构件在自动机箱体内各个方向的撞击，会造成箱体不同方向的振动，从而形成箱体的振动弯扭。同时由于构件之间的撞击和相对运动及火药气体的腐蚀作用，自动机各构件会出现裂纹与磨损等非正常状态，将直接反映在构件的传递特性上。自动机在高速运行的工作过程中，其内部构件承受较大的载荷，且伴随着频繁的冲击、摩擦和烧蚀，某些部位的零件可能出现局部疲劳裂纹、过度磨损和胶合点蚀等现象，构件之间可能出现松动或偏心。由于自动机各组件在严格的顺序性下参与工作循环，任何一个部件的故障都将对整个武器系统的工作循环产生不良影响，例如，弹链的断裂会造成供输弹不畅，输弹簧的裂纹或者疲劳将导致炮闩复进不到位，拨弹轮定位角不协调将造成卡弹。某型自行高炮自动机供弹机构中的传动轴、拨弹轮等零部件出现局部疲劳、裂纹、偏心或松动等非正常状态时，将会影响振动响应的低频成分；而炮闩中的闭锁块如果发生损伤或烧蚀严重时，将会影响振动响应的高频成分。这些将会增大动载荷，从而加剧冲击振动，影响自动机工作性能，进而影响自动机箱体表面振动响应，即振动幅值和振动信号性质发生变化。

自动机结构复杂，工作环境恶劣，故障率较高，故障种类多。自动机主要包括以下典型的故障模式：供输弹不畅、挤（卡）弹、不击发、射速下降、炮闩复进不到位、不自动开闩和炮闩闭锁不到位等。上述故障模式发生的主要原因是：自动机工作环境恶劣，长期处于强烈的冲击、振动、强腐蚀性环境下，部分零部件由于可靠性较差，容易出现裂纹、断裂、变形、烧蚀、擦伤、破损等故障，这些故障在早期不易被发现，一旦故障变严重时，将导致自动机无法正常工作，降低自动机的使用寿命。根据工厂生产和装备使用的实际情况，直接影响自动机连续射击的几种典型故障模式如图 6-3 所示，分别为：供输弹不畅、挤（卡）弹、不击发、射速下降、炮闩复进不到位、不自动开闩和炮闩闭锁不到位等。

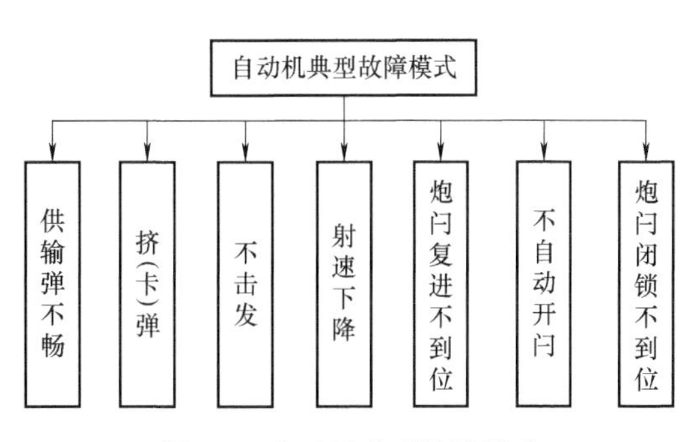

图 6-3 自动机典型故障模式

在上述自动机典型的故障模式中，很多故障的发生都与炮闩有关，炮闩作为自动机的重要组成部分，它的运行状态直接影响自动机的性能。表 6-1 是某型高炮自动机组成构件的失效率。从表中数据可以看出，在所有的自动机机构中，炮闩的失效率远远高于其他机构，因此自动机故障诊断的核心是炮闩的故障诊断。而炮闩位于自动机内部，故障诊断相对困难。其主要原因是理论分析复杂、故障设置较为困难、故障轻微时故障现象不明显等。

表 6-1 某型高炮自动机组成构件的失效率

组成构件	浮动机	炮箱	炮闩	炮身	炮盖板	输弹机	扣机	受弹器
失效率（10^{-4}）	1.623	1.823	7.560	2.683	3.670	2.500	2.060	2.305

在自动机典型故障模式中，很多都受炮闩的直接影响，因此对炮闩的故障机理进行更加深入的了解是十分必要的。以某导气式自动机炮闩为对象进行分析，炮闩部分组件结构如图 6-4 所示。

关闩行程的末期，在输弹簧的作用下，炮闩闩座迅速向前运动，此时闭锁块位于闩体两侧。炮弹进入炮膛药室后，炮闩撞击身管后端面，同时产生较大的冲击接

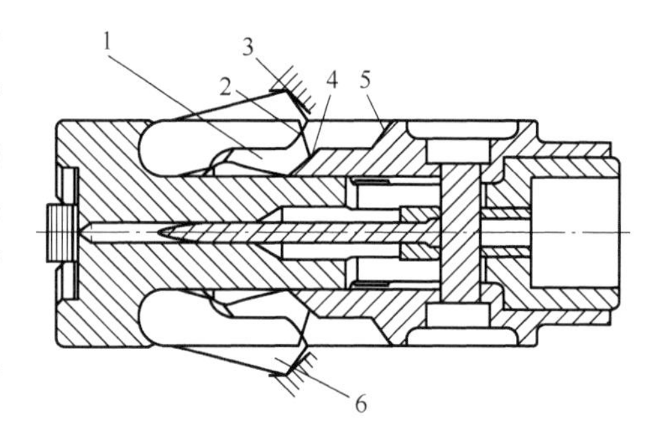

图 6-4 炮闩部分组件结构
1—闭锁块（开锁状态） 2—C 面
3—炮箱闭锁支撑面 4—A 面
5—B 面 6—闭锁块（闭锁状态）

触应力，闩体压缩药筒 1mm 后停止向前运动，关闩动作完成。闭锁过程中，闩座继续向前运动，闭锁块在闩座 A 面的挤压下向外侧张开，闩座继续向前运动一定距离后，闭锁块 C 面与闭锁支撑面接触并产生一定的振动，闭锁完成后，闭锁块 A 面与闩座 B 面发生碰撞，同时击针打击炮弹底火，完成击发动作。

在闭锁块的运动过程中，两个工作面所受到的冲击大、撞击多、摩擦强，加上高温高压的工作环境，可能会出现磨损或点蚀的现象。另外，炮闩组件与炮箱间的摩擦产生的振动及由此引发的其他部件的振动也会向不同方向传递。总之，自动机运行过程中各构件的运动形式复杂、动态特性明显，各激励源相互干扰，包含了丰富的工况信息，为实现自动机故障诊断与状态监测提供了重要依据。

第三节 往复机械系统故障实验

通过实弹射击的方式获取自动机正常运行状态的信号相对容易，然而想要在实弹射击过程中进行故障实验，获取故障信号，则不易实现。同时，自动机故障类型多变且复杂，尤其是微弱故障经过复杂传递路径传递到传感器后，故障信息更不明显，不利于后续的分析。基于研究设计的某型自行高炮自动机模拟射击实验平台进行故障实验，设计的实验平台既便于传感器和采集设备的布局，又可以灵活预置自动机的一些典型故障，最大限度地验证自动机故障诊断的相关理论方法，探求一套完整的自动机故障诊断方法，实现自动机早期微弱故障的诊断。

一、故障实验装置

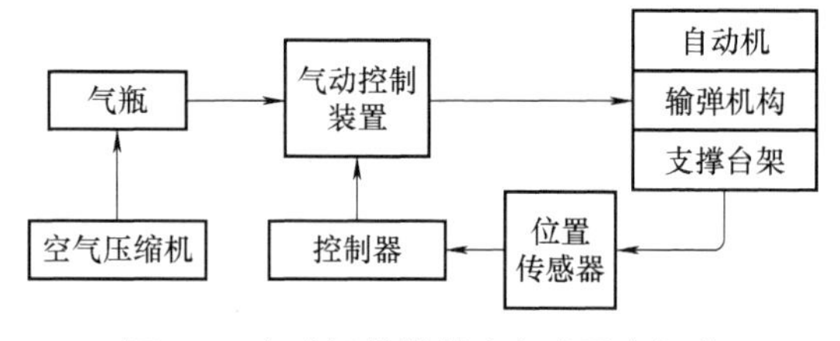

图 6-5 自动机模拟射击实验平台组成

实验装置主要包括总控装置、导气式自动机、供弹机构、气动控制装置、加速度传感器、数据采集模块及计算机等，实验平台组成如图 6-5 所示，其中主要部分的组成关系如图 6-6 所示。

空气压缩机主要用于向两个气瓶充气，高压气瓶作为储气使用，低压气瓶可以直接向自动机供气，高、低压气瓶的额定容量均为 3.95L，低压气瓶的额定压力为 8MPa，高压气瓶的额定压力为

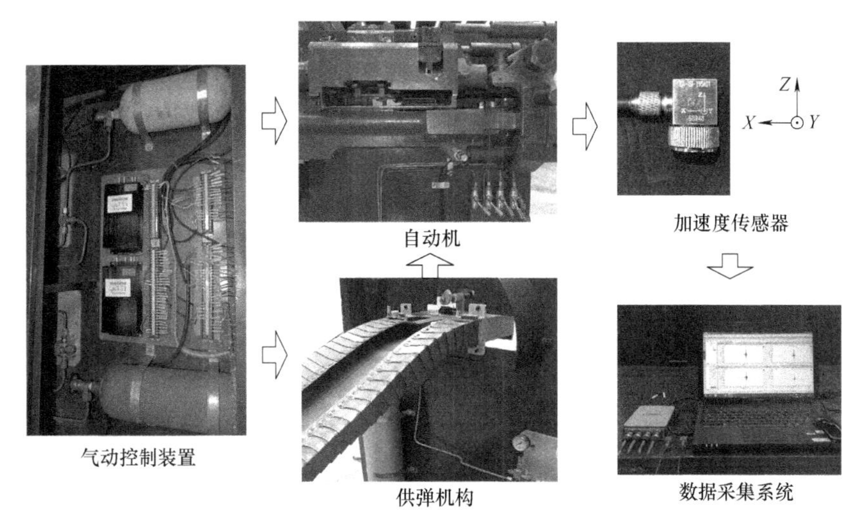

图 6-6 实验平台主要部分的组成关系

12MPa。气动控制装置主要由高压元件组合、低压元件组合和进气件组合等组成。支撑台架主要用于悬挂自动机并使其能够与供弹装置密切配合，使得供弹装置在电力拨弹机辅助输弹的作用下，保证把炮箱内的炮弹连续不断地输送给被试自动机进行射击。位置传感器主要用于检测自动机炮闩的位置，同时将信号传送给控制器，控制器根据自动机炮闩的位置给气动控制装置发送相应的指令完成供气或断气。

模拟射击实验开始后，控制器控制气动控制装置中的低压元件组合打开，使得低压气瓶存储的气体进入手气开闩装置，在手气开闩装置的作用下，输弹机的左、右滑筒和炮闩等自动机的运动构件开始后坐并完成开锁动作。当安装在自动机后端的位置传感器检测到炮闩后坐到预定位置后，控制器发出指令关闭低压元件组合，低压气瓶停止供气。炮闩依靠惯性独自完成其剩余的后坐行程，炮闩后坐到位后，在炮闩缓冲器和输弹簧的作用下，炮闩开始复进，并完成相应的闭锁、击发等动作，当复进到位后，单次模拟射击实验完成。当模拟射击实验平台设置为连发工作状态时，则进行连发模拟射击实验。与单发射击实验不同的是，连续射击时，安装在自动机前端的位置传感器检测到炮闩复进到位后，控制器会发出指令打开低压元件组合，让低压气瓶继续供气，使炮闩完成下一个后坐运动。在此过程中，低压气瓶的压力下降到一定值时，高压气瓶立即工作，通过高压元件组合给低压气瓶补气加压，以保证每次模拟射击实验前低压气瓶内保持相同压力。

选用 NI 9234 采集卡和 cDAQ-9171 机箱组成数据采集模块，采用 SignalPad 测控软件，并辅以适当的测试用振动传感器，搭建自动机箱体振动信号采集系统。数据采集系统如图 6-7 所示。

(1) 传感器　选用三向压电式加速度传感器 CA-YD-193A01 采集振动信号。该型传感器具有灵敏度高、稳定性好、噪声小及抗干扰能力强等优点，能够满足对自动机箱体振动信号的测试要求。此外，该型传感器将压电式传感器和电荷放大器进行集成，使得测试系统得以简化，可以有效提高测试的精度和可靠性。表 6-2 列出了该型传感器的主要技术指标。

图 6-7 数据采集系统

（2）采集模块 采用基于 USB 接口的单槽 NI cDAQ-9171 机箱作为采集前端，该机箱适合较小的便携式传感器测量系统，可配置 NI 提供的 50 多种不同的 I/O 模块。对于采集卡，由于需要测量自动机箱体的振动信号，因此采用分辨率较高的振动噪声测量模块 NI9234，该模块作为 4 通道 C 系列模块，能和 NI cDAQ-9171 机箱无缝连接，具有 102dB 动态范围，能对加速度传感器和麦克风进行软件可选式 IEPE 信号调理。

表 6-2 CA-YD-193A01 型传感器的主要技术指标

型号	灵敏度/[mV/(m·s^{-2})]	量程/g	频率范围/Hz(±5%)	谐振频率/kHz	质量/g
CA-YD-193A01	X:0.993,Y:0.990,Z:1.067	500	0~4000	30	16

（3）SignalPad 测控软件 SignalPad 测控软件是一款多功能信号采集与分析软件，所有的 NI 数据采集设备均可在该软件中即插即用，无须编程，能够自动完成多板卡、多机箱的同步采集。其主要功能有：信号的产生与采集、信号处理与分析（相关分析、频谱分析、统计分析和阶次分析等）、信号回放与离线分析（回放参数、回放控制、离线分析等）及报告生成等。

二、故障预置

根据故障机理的分析，炮闩组件中的闭锁块在运动过程中伴随着大量的冲击和摩擦，在高温高压的环境中较易出现过度磨损或胶合点蚀等故障状态，影响炮闩的闭锁和开闩；输弹簧在高频率的压缩和反弹过程中可能出现疲劳故障，导致炮闩不能及时到达正常的复进位置，降低射速。

分别在炮闩组件闭锁块上设置两种故障和在输弹簧上设置一种故障：

（1）点蚀故障（故障 1，F1） 预置在炮闩闭锁时由于局部碰撞而较易受到损伤的位置，在图 6-4 中的闭锁块 A 面采用电火花加工设备设置 3 个直径为 3mm 深 1mm 的点蚀故障，该位置点蚀损伤更严重时可能导致炮闩闭锁不到位。

（2）磨损故障（故障 2，F2） 预置在闩体闭锁时因摩擦作用而承受磨损的位置，在闭锁块 D 面（旋转轴面）上预置面积约为 7mm×10mm 的磨损故障，该部位磨损更严重时可能导致闭锁块无法完全开锁致使闩体无法自动开闩。

（3）输弹簧疲劳故障（故障3，F3）　预置在输弹簧上，输弹簧疲劳故障可直接导致自动机射速下降和炮闩复进不到位，文中选择疲劳的输弹簧进行典型故障实验，该输弹簧在弹簧压力机上进行测试压缩至720mm时的实测压力值为$P_1=398N$，压缩至330mm时的实测压力值为$P_2=1248N$，对照生产厂家的输弹簧压力值标准（见表6-3），可知该输弹簧的测试值P_1较标准范围略差，P_2值则在标准允许的范围内，所以判定属于轻度疲劳故障。

表6-3　输弹簧压力值标准

指标	压缩长度/mm	标准值/N	上偏差/N	下偏差/N
P_1	720	450	+100	-50
P_2	330	1000	+350	-100

故障的具体设置见表6-4，图6-8所示为预置故障示意图。

表6-4　故障的具体设置

状态	故障名称	预置故障	可能导致的工况
正常（N）	—	—	—
故障1（F1）	闭锁块磨损故障	采用电火花加工方法在闭锁块旋转轴面设置1个7mm×10mm的磨损故障	闩体不能自动开闩
故障2（F2）	闭锁块点蚀故障	采用电火花加工方法在闭锁块A面设置3个直径为3mm、深为1mm的点蚀故障	炮闩闭锁不到位
故障3（F3）	输弹簧疲劳故障	选用疲劳的输弹簧，经弹簧压力机测试，判定该弹簧为轻度疲劳故障	炮闩复进不到位；射速下降

闭锁块磨损

闭锁块点蚀

输弹簧疲劳故障

图6-8　预置故障示意图

实验分别在正常状态以及 3 种故障状态下进行，在每次实验过程中，使自动机只有一种故障，使用预设故障的零件替换相应的正常零件，除预置故障外其他实验条件相同，尽可能保证实验的可重复性。

三、测点优化

分析自动机复进动作可知，在关闩和闭锁过程中，各部件的碰撞和摩擦形成了自动机振动的不同激励源，闭锁块及相关零部件产生的振动可传递到支撑块附近的炮箱上，在闭锁末期，输弹簧疲劳故障导致炮闩组件不能及时运动到位，包含此故障信息的振动也会通过炮闩组件传递到支撑块附近的炮箱上，而且支撑块附近的炮箱表面较为空旷、平坦，因此选择该区域安装传感器。为充分获取故障信息，每次实验中同时布置两个相同型号的加速度传感器，各输出一路信号作为一组样本数据。将每个传感器的 Y 向输出接入信号采集模块通道，并使其方向与身管轴线方向一致。为找到最优测点，两个传感器分别取 3 个不同的测点进行分析，其中，传感器 A 布置在炮箱上侧支撑块附近的水平表面区域，沿身管轴线方向每隔 10mm 取一个测点，传感器 B 位于炮箱下侧支撑块附近的垂直表面区域，沿身管轴线方向每隔 10mm 取一个测点，传感器安装位置如图 6-9 所示，图 6-10 所示为测点位置示意图，图中各点为传感器与箱体表面接触的圆面圆心。

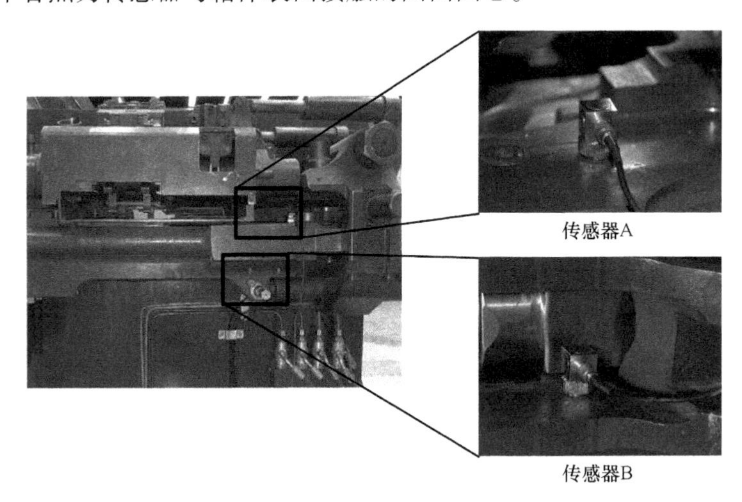

图 6-9　传感器安装位置

在实验过程中，首先将预置不同故障的零件安装到相应位置，然后将传感器通过其磁性底座牢固吸附于箱体表面，搭建数据采集系统，在总控制装置的控制下，自动机进入模拟射击工作循环。传感器的采样频率设为 10kHz。在测控软件开始记录数据的同时炮闩开始进行后坐动作，在后坐行程中输弹簧和炮闩缓冲器贮存后坐能量，炮闩后坐到位后开始反向运动，在输弹机的推动下依次完成复进行程中的关闩和闭锁动作，复进结束时，停止数据的采集。该流程为一次完整的故障模拟实

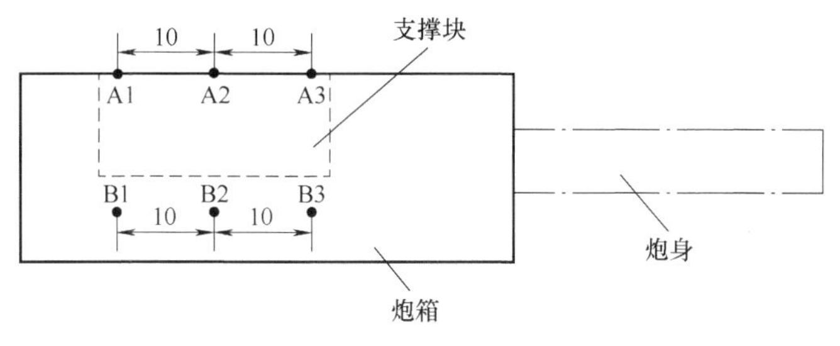

图 6-10 测点位置示意图

验，重复该流程，直到满足数据量需求。

传感器最优测点选择的步骤如下：

(1) 选取数据分析区间 实验中测得的原始振动信号包含从释放炮闩到闭锁结束的全部波形，为突出故障特征，减小实验操作中无关信号的干扰，只截取闭锁块工作过程内的信号进行分析，从闩体关闩到位的时刻开始，按时间顺序以 1200 个采样点为一组数据样本。图 6-11 所示为两个传感器分别在测点 A1 和 B1 测得的自动机在 4 种工作状态下的一组信号波形。

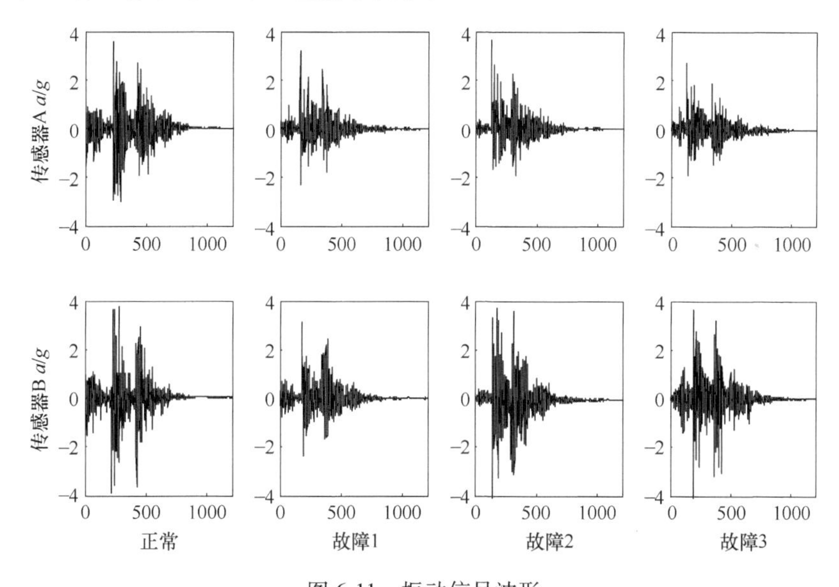

图 6-11 振动信号波形

分析图 6-11 可知，各个状态振动信号的时域波形差异并不显著，无法根据时域波形有效判断故障状态。两个传感器测得的同一状态振动信号的不同时段幅值均有差异，说明两个传感器所处测点的振动烈度不同，需要对测点位置进一步分析。

(2) 提取峭度特征 峭度对信号的瞬态冲击特性比较敏感且易于求取，故首先提取时域波形的峭度特征作为测点的评价指标。实验中两个传感器各有 3 个待选测点，故共有 9 种测点组合。计算每种测点组合 2 个传感器测得振动信号时间序列的峭度特征，组成该测点的二维特征。采用不同类类间距离平均值和类内距离平均值的比值作为评价指标。

（3）确定最优测点　利用双因素方差分析推断不同测点对评价指标的影响程度。

每种测点组合在自动机每类故障状态下进行5次重复实验，各测点组合下的指标见表6-5，表6-6为各测点的双因素方差分析指标。

表6-5　各测点组合下的指标

测点	A1	A2	A3
B1	0.50	0.63	0.52
B2	0.48	0.54	0.43
B3	0.49	0.57	0.41

表6-6　各测点的双因素方差分析指标

来源	平方和	自由度	均方和	F值
传感器A	254.889	2	127.444	16.042
传感器B	80.889	2	40.444	5.091
误差	31.778	4	7.944	—
总计	23573.000	9	—	—

取显著性水平$\alpha=0.05$，查F分布表，得$F_{0.05}(2, 9)=4.26$，因此$F_A>F_{0.05}$，$F_B>F_{0.05}$，说明两个传感器的不同测点对评价指标皆有显著影响，即所选测点可以较为敏感地反映自动机的状态变化。依据选取最大指标值的原则，则最优测点为A2B1。此外，在对自动机实际装置进行信号采集时，也选择相同的测点及传感器安装方法。

将传感器布置在最优测点，每种状态测取60组数据，4种状态共240组，以此作为故障诊断的数据来源。

四、信号预处理

分别对自动机故障1（F1）、故障2（F2）、故障3（F3）和正常（N）状态进行多次模拟射击实验，对不同工作状态下的振动信号进行采集，实验数据分析区间选取和可重复性分析过程如下所述。

（一）分析区间选取

图6-12所示为故障1中同一组数据的传感器采集的整体振动信号波形。从图6-12可以看出，加速度传感器采集的振动信号波形中冲击成分较多，同时时序上存在明显的可分割性，经大量分析可知多数其他类别数据也存在和该组信号同样的特征。结合自动机部件的运动规律和主要振动激励源，对信号的时序振动特点进

行分析可得，图中位置 1 为扣机释放炮闩时引起的轻微振动；位置 2 处为闩体关闩到位时导致的振动；位置 3 为闭锁完毕时闭锁块与支撑块的碰撞振动；位置 4 为闩座向前运动到位时闩座与闭锁块的碰撞振动。为了进一步突出振动信号特征，对信号的分析区间进行选取，将闩体关闩到位的时刻作为区间选取的初始位置，具体取点方式为选取图 6-12 中“2”始端处振动信号幅值的绝对值 $|Y|\geqslant 0.001$ 时的数据点作为数据分析区间选取的起始点，如果所选的点数过多将会在一定程度上影响数据分析的效率，所以选取振动信号无明显波动时的位置作为区间终止位置，分析区间选取后自动机四种状态振动信号的时域波形如图 6-13 所示。

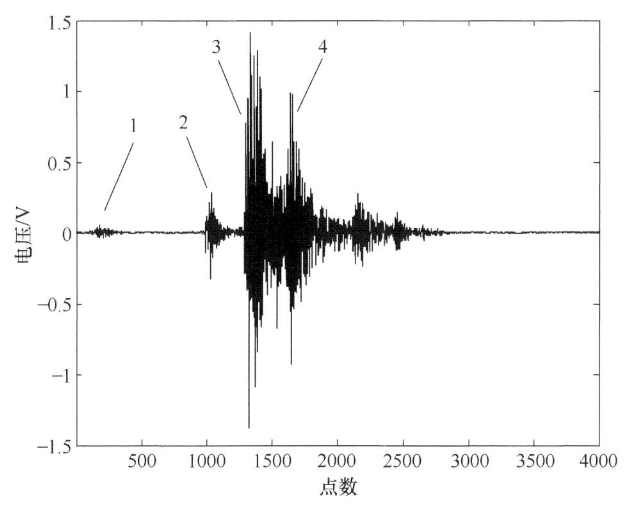

图 6-12 整体振动信号

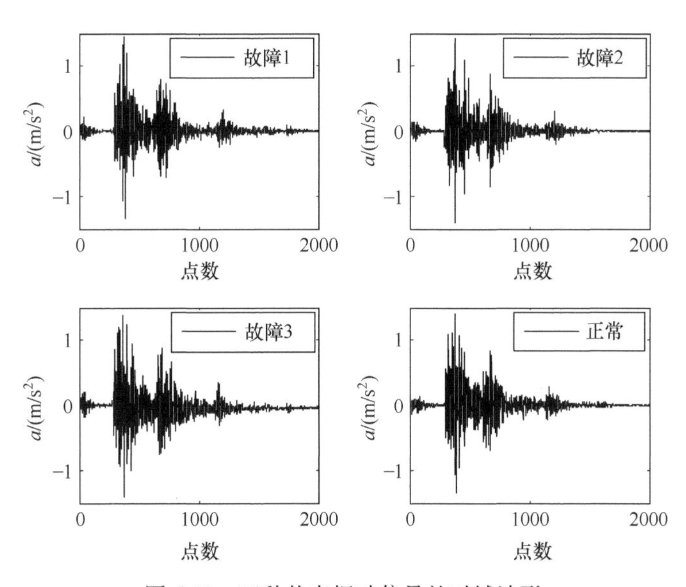

图 6-13 四种状态振动信号的时域波形

从图 6-13 可知，振动信号存在两部分幅值较大的波动，涵盖了自动机工作中的关闩和闭锁等过程，自动机 4 种状态振动信号的时域波形既有一定的差异，又有一定的相似性。其中正常状态和故障 3 的时域波形能够较强地反映炮闩工作的阶段性特点。而故障 1 和故障 2 则相对较弱，这可能是因为闭锁块故障后，闭锁块的固有频率和阻尼发生了变化，导致振动形态发生改变，使得开闭锁过程的阶段性特征不如正常状态下和故障 3 状态下的明显。故障 1 与故障 2 的时域波形较为相似，这可能是因为这两类故障均设置在闭锁块上，而闭锁块主要影响的是炮闩的开闭锁过程，与故障设置的位置和故障类型关系不大。故障 3 的时域波形和正常状态具有一定的差异，主要表现在幅值的大小上，由于抓弹钩在一个射击循环中与炮弹（弹壳）作用的时间较长，裂纹的出现改变了二者之间的受力，可能在整个运动过程中引起更强烈的冲击。上述分析仅是根据实验结果做出的定性推断，欲获得详细的理论依据，还需对相应的故障机理进行深入的研究。

（二）可重复性分析

因信号测取过程中的参数设置相同，为检验所获得数据的相似性程度，必须进行可重复性分析。自动机组成结构复杂，难以采集大量的故障数据样本，目前还不存在评价自动机数据可重复性的成熟标准。自动机的振动是由激振源引起的，所以其振动状态特性主要和引发振动的激励源有关，因此模拟实验中所测取信号的振动幅值也会在一定程度内反映振动激励源的性质。以自动机振动信号的幅值作为评价自动机数据可重复性的指标，计算其幅值的最大相对误差和平均相对误差。

根据最大相对误差和平均相对误差计算公式（2-6）和（2-7）对所测取的四类样本数据进行幅值误差计算，结果见表 6-7，表中编号 1~5 分别表示从每类数据中随机选出 5 组的幅值示意。

表 6-7 四类样本数据的幅值误差计算结果

类别	1/(m/s²)	2/(m/s²)	3/(m/s²)	4/(m/s²)	5/(m/s²)	Δ_1	Δ_2
故障 1	1.4398	1.4467	1.4076	1.4473	1.4260	7.75%	4.25%
故障 2	1.4095	1.3981	1.4192	1.4207	1.4412	8.32%	3.95%
故障 3	1.3963	1.3945	1.4117	1.3979	1.4031	7.08%	4.73%
正常	1.4148	1.4387	1.4475	1.4381	1.4508	8.91%	4.66%

通过以上分析可知，每类数据的最大相对误差在 10%以内，平均相对误差低于 5%，误差较小，据此可判断故障实验过程中所采集的数据具有良好可重复性，以此方法采集到的振动信号作为故障诊断的数据来源较为可靠。

第四节　基于向量机的往复机械系统故障诊断

一、振动信号特征提取

若将信号分解为不同时间尺度上的单分量，则可以通过剔除冗余的单分量来达到降噪的目的。同时，通过将自适应信号分解方法与其他特征提取方法相结合，可以从不同尺度进一步提取信号中包含的特征信息，具体过程如下：

首先，对实验获取的全部信号进行 LCD 分解，不同数据样本被分解为一定数目的内禀尺度分量，令 m 等于所有分量个数中的最小值，所有样本取前 m 个分量进行分析，m 个分量中的最后一个作为残余分量并剔除。然后，计算每组信号（$m-1$）个 ISC 分量的特征参量，组成振动信号的多尺度特征集。

根据上述步骤，利用 LCD 对自动机 4 种状态的振动信号进行多尺度分解，图 6-14 所示为不同状态振动信号的分解结果。

从分解结果中可以看出，随着原始信号被分解为不同尺度的子分量，信号的细节得以显现，区分度变得更加显著。对全部信号进行 LCD 分解，分析结果可知，除 1 个残余分量外，多数数据样本由 7 个 ISC 分量组成，因此，对前 7 个分量进行分析并计算特征参量，进而可将全部振动信号提取的特征参量组成特征集。

（一）时频域特征

利用自动机 4 种运行状态下的样本进行分析。按照时域和频域特征计算公式，计算自动机 4 种状态下的 12 个时域和频域统计特征，组成特征向量集。表 6-8 给出了自动机每种状态下各一个样本的 12 维特征计算结果，为直观观察自动机振动信号 12 维时域和频域特征与自动机故障状态的关系，图 6-15 对表 6-8 的结果进行了可视化。

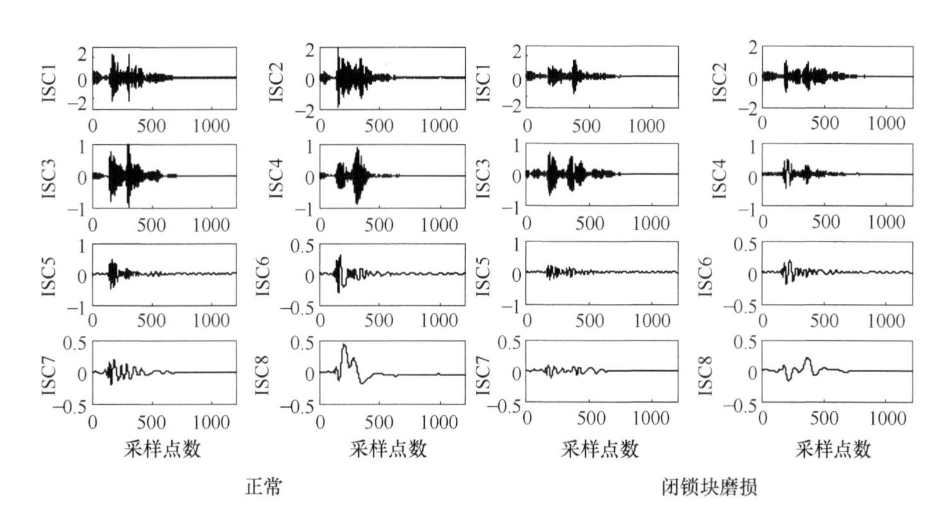

图 6-14　不同状态振动信号的分解结果

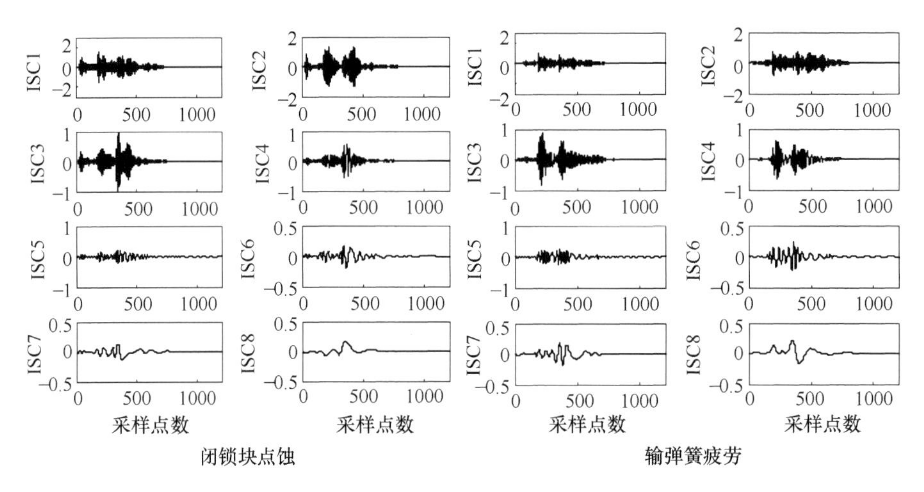

图 6-14 不同状态振动信号的分解结果（续）

从表 6-8 和图 6-15 中可以看出，自动机出现不同故障后，振动信号的 12 维时域和频域特征中，有部分特征发生了一定的变化，较容易对自动机不同的故障状态进行区分，如 $t_4 \sim t_6$ 及 $t_{10} \sim t_{12}$。但也有部分特征变化并不明显，甚至基本一致，不易进行区分，如 t_1、t_2、t_7 和 t_8。上述分析表明，提取的 12 维时域和频域特征基本能够满足对自动机不同故障状态的判别要求，但也有干扰特征的存在，影响了对自动机故障的判别。

表 6-8 自动机不同故障状态下的时域和频域特征

故障状态	t_1	t_2	t_3	t_4	t_5	t_6
正常	0. 0021	0. 6430	0. 2948	-0. 3146	18. 5046	6. 3899
故障 1	0. 1199	0. 5038	0. 4953	0. 5555	17. 6786	12. 1197
故障 2	0. 1307	0. 7979	0. 6366	0. 1981	10. 5555	8. 0895
故障 3	-0. 0160	0. 4894	0. 3474	0. 3521	8. 0967	6. 4437
故障状态	t_7	t_8	t_9	t_{10}	t_{11}	t_{12}
正常	0. 3592	0. 5428	0. 2946	0. 3492	0. 1219	0. 4566
故障 1	0. 4768	0. 7136	0. 5237	0. 9853	0. 9707	1. 1151
故障 2	0. 5545	0. 8082	0. 6703	0. 4452	2. 0887	1. 5920
故障 3	0. 3821	0. 5894	0. 3476	0. 3904	0. 1524	0. 5225

为了检验时域和频域特征的提取效果，采用 SVM 对所提特征进行分类识别，表 6-9 为 SVM 的识别结果。从中可以看出，SVM 对自动机正常状态的识别率最高，对故障 1 的识别率最低，虽然能够对自动机故障进行一定程度的区分，但平均识别率偏低，只为 55%。不同的时域和频域参数对故障状态特征信息的侧重点不同，也说明了从不同角度提取特征的必要性。

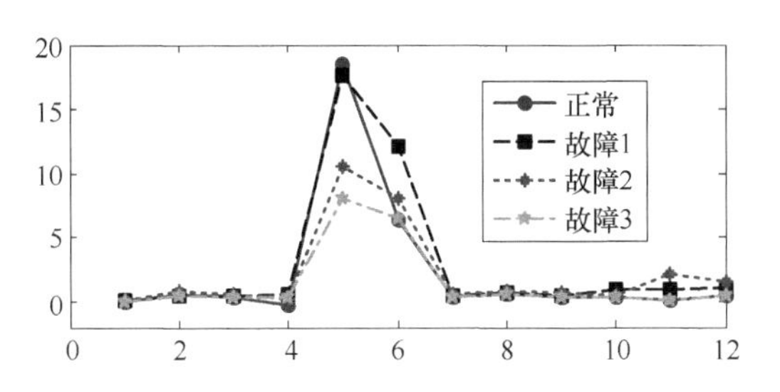

图 6-15 时域和频域特征的可视化结果

表 6-9 SVM 对时域和频域特征的识别结果 (%)

故障状态	正常	故障 1	故障 2	故障 3	平均
识别率	73.33	33.33	46.67	66.67	55.00

(二) 复杂度域特征

1. 提取样本熵特征

计算样本熵时首先需要对求解过程中的相似容限和模式维数进行确定，图 6-16a、b 中分别给出了训练样本数据样本熵的平均值，并且图中与 Y 轴方向平行的线段为数据样本熵与平均值的偏差范围，其中图 6-16a 所示为固定相似容限 $r=0.2S$（S 表示数据的标准差）时样本熵随着模式维数的变化趋势及偏差，图 6-16b 所示为固定模式维数 $m=2$ 时样本熵随着相似容限的变化趋势及偏差。

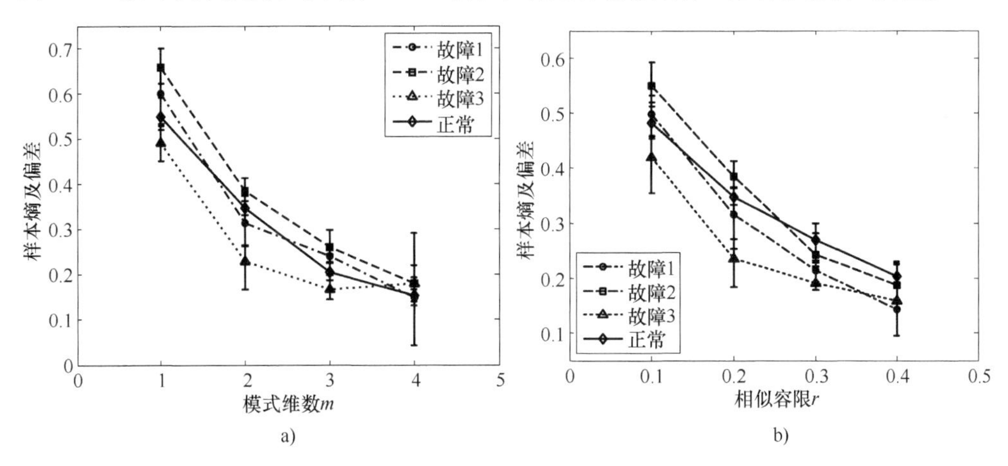

图 6-16 样本熵及偏差随参数变化情况

a）样本熵随 m 的变化趋势及偏差 b）样本熵随着 r 的变化趋势及偏差

根据图 6-16 可知，自动机振动信号的样本熵随着模式维数和相似容限的提高总体上呈现逐渐减小的趋势，但并无明显的规律，不同参数条件下的样本熵均值折线相互交叉。随着模式维数的增大，各个状态样本熵偏差间的重合度越来越高，混叠程度变大，数据的可区分性变差，当 $m=2$ 时各状态数据间的混叠程度最低，所

以设定 $m=2$，当 $r\geqslant 0.3S$ 时故障 1 和故障 2 的样本熵混叠程度较高，同理，选择样本熵偏差重合度最低时的相似容限 $r=0.2S$ 作为样本熵计算时的参数设定值。

因此，根据上述分析确定了样本熵计算过程中的参数设置为模式维数 $m=2$，相似容限 $r=0.2S$，利用故障实验信号进行分析，选择前 7 个 ISC 分量计算多尺度样本熵，计算结果见表 6-10。

表 6-10　不同分量的样本熵计算结果

状态	ISC1	ISC2	ISC3	ISC4	ISC5	ISC6	ISC7
故障 1	0.2368	0.2291	0.3400	0.3679	0.1925	0.1700	0.0800
故障 2	0.2232	0.2035	0.2208	0.2625	0.2295	0.1533	0.0715
故障 3	0.1139	0.1960	0.0933	0.0990	0.1083	0.1102	0.0342
正常	0.2185	0.2319	0.3219	0.2053	0.1865	0.1254	0.0633

从表 6-10 中可以得出，每组数据分解所得分量 ISC1～ISC7 的样本熵不同，说明各个子分量的复杂程度之间存在一定的差异，验证了利用多尺度样本熵方法提取信号特征的有效性。为了进一步说明多尺度样本熵的性能优势，分别利用 LCD 样本熵、样本熵和 EMD 样本熵对训练样本及测试样本进行特征提取，并输入支持向量机（SVM）中进行分类识别，SVM 的参数设置为（$C=1$，$g=1$），识别率见表 6-11。

表 6-11　SVM 的识别率　（%）

方法	故障 1	故障 2	故障 3	正常	平均
LCD 样本熵	70.00	60.00	80.00	45.00	63.75
EMD 样本熵	50.00	65.00	80.00	50.00	61.25
样本熵	65.00	50.00	75.00	45.00	58.75

根据表 6-11 可知，直接计算信号样本熵的平均识别结果偏低，说明 4 类信号之间的复杂度差异较小，采用 EMD 样本熵进行特征提取时的识别率较直接计算样本熵有所提高，验证了通过将信号自适应分解，在不同尺度下分析信号特征信息的有效性，由于 LCD 在抑制端点效应和减少累计误差方面的性能要优于 EMD，分解所得的各个分量也更能够体现信号的本质属性，所以 LCD 样本熵的平均识别率较前两者更高。

2. 提取模糊熵特征

对于模糊熵计算时的参数设置，当嵌入维数 m 为 1 或 2，$r=0.1S\sim0.25S$（S 为原信号的标准差）时计算得到的模糊熵具有较合理的统计特征；梯度 n 一般取较小的整数值，如 2 或 3；而数据长度 N 一般对模糊熵的计算影响不大。因此，在计算模糊熵值时取 $m=2$，$r=0.2S$，$n=2$。

隶属度函数的引入，增强了模糊熵值的统计稳定性，更有助于区分自动机的不同故障状态，而标准差值大小也说明了这一点。从表 6-12 中还可以看出，直接计算原始信号的模糊熵值虽然基本上能将自动机 4 种状态进行区分，但也发现部分故障状态的模糊熵值相差不大。通过对大量样本的计算结果进行分析，发现部分不同故障样本的模糊熵值出现了交叉，不能对自动机故障进行判别，这说明单一尺度下的模糊熵对故障的敏感度并不高。

表 6-12　自动机模糊熵的均值和标准差

故障状态	模糊熵	
	均值	标准差
正常	1.1893	0.0436
故障 1	1.2716	0.0457
故障 2	1.2339	0.0479
故障 3	0.9815	0.0364

对数据进行 LCD 分解，从不同尺度上提取模糊熵特征，能够深层次地挖掘故障信息。将自动机 4 种状态振动信号进行 LCD 分解，选择前 7 个 ISC 分量进行分析。按照模糊熵的计算方法，计算每种状态下前 7 个 ISC 分量的模糊熵。表 6-13 列出了 4 种状态各一个样本信号的前 7 个 ISC 分量的模糊熵。

表 6-13　4 种自动机状态 ISC 分量的模糊熵

故障状态	ISC1	ISC2	ISC3	ISC4	ISC5	ISC6	ISC7
正常	0.9537	0.6803	0.5372	0.4927	0.3805	0.3790	0.3452
故障 1	0.9456	0.9695	0.7065	0.4044	0.4373	0.1634	0.1521
故障 2	0.8929	0.9862	0.7962	0.6269	0.4163	0.3077	0.1438
故障 3	0.7397	0.5353	0.4564	0.3904	0.3232	0.2693	0.2198

为了验证 LCD 模糊熵作为特征向量的有效性，将其输入 SVM 进行识别，同时作为比较，分别将 EMD 模糊熵（具体提取步骤同 LCD 模糊熵一致，只是将 LCD 换成了 EMD）、原始信号模糊熵、原始信号样本熵输入 SVM 进行识别。将自动机 4 种状态的样本平均分成训练样本和测试样本。SVM 中惩罚参数 C 和核参数 g 采用（$C=1$，$g=1$），自动机正常、故障 1、故障 2 和故障 3 对应的训练标签依次为 1、2、3 和 4。表 6-14 列出了 SVM 对 4 种不同熵的故障识别率。

表 6-14　SVM 对不同熵的故障识别率　　（%）

特征向量	故障识别率
LCD 模糊熵	56.67
EMD 模糊熵	51.67
模糊熵	48.33

通过表 6-14 的对比可以发现，利用 LCD 的自适应分解能力，从不同尺度下提取信号的模糊熵，能够提高分类的准确率。以 LCD 模糊熵作为特征向量的故障识别率比 EMD 模糊熵、模糊熵和样本熵的故障识别率分别提高了 4%、8% 和 10%。由于 LCD 在端点效应抑制和减小误差累积方面相对好于 EMD，使得 ISC 分量包含的信息更多，同时模糊熵通过引入隶属度函数，使得熵值的统计稳定性更好，这两个方面的优势结合使得自动机同类故障样本的聚合度更高，异类故障样本的区分度更好，测试结果说明了 LCD 和模糊熵的结合具有一定的优势，获得了更高的故障诊断精度。

3. 提取混沌参数

首先需要确定进行相空间重构时的延迟时间 τ 与嵌入维数 m。对每一组数据分别采用互信息法计算 τ，即选取计算所得的互信息曲线中的第一个极小值点所对应的时刻 τ 作为延迟时间；然后根据确定的 τ 采用 CAO 法计算 m，选取曲线中 $E(m)$ 趋于稳定时的 m 值作为嵌入维数，图 6-17 中为故障 1 振动信号中一组数据计算 τ 和 m 的结果。

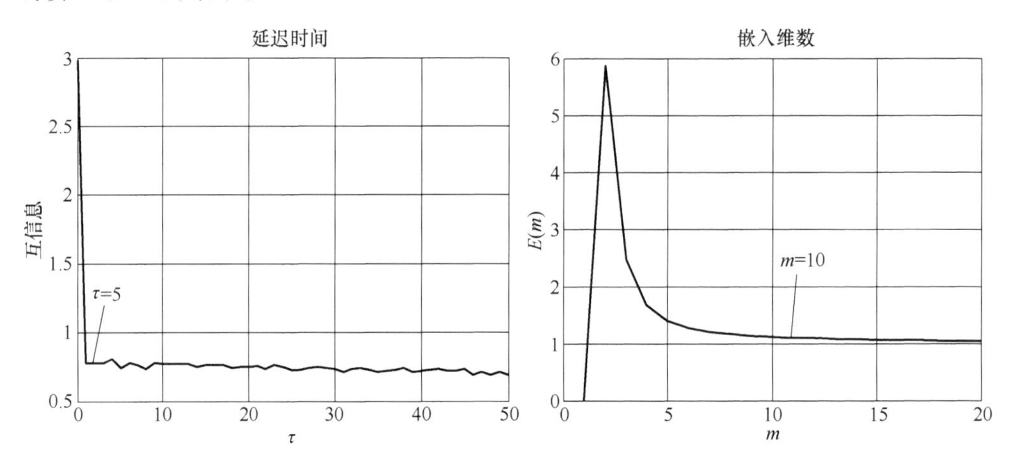

图 6-17　τ 和 m 的计算结果

经大量分析计算可知，设置参数 $\tau=5$ 和 $m=10$ 时可以对自动机振动信号的原始相空间进行有效重构，利用选定的 τ 和 m 计算每一组自动机振动数据的混沌参量 Lyapunov 指数（λ）和相对关联距离熵（H_d）、Kolmogorov 熵（K_2）、分形盒维数（H_e），见表 6-15。

由表 6-15 可知，每组数据的最大 Lyapunov 指数均大于零，说明自动机工作时的系统振动处于混沌状态，初步验证了计算信号混沌参数进行特征提取的可行性。每种状态数据间的相对关联距离熵存在着一定的差异，说明相空间重构后不同混沌时间序列的吸引子动态结构不同，进一步表明了所选方法确定延迟时间和嵌入维数的有效性。相对关联距离熵和 Kolmogorov 熵对于故障 3 较为敏感，与其他类别差异较明显，可以实现有效区分。分形盒维数 H_e 对于故障 3 和正常状态的区分度较好，而对故障 1 和故障 2 的可区分度则较差。将训练样本和测试样本的特征集输入 SVM 中进行分类识别，识别结果见表 6-16。

表 6-15 自动机混沌参数特征

状态	λ	H_d	K_2	H_e
故障 1	0.1215	0.7987	0.0208	1.5975
	0.1262	0.7901	0.0210	1.5887
故障 2	0.1328	0.8089	0.0207	1.5947
	0.1286	0.7954	0.0203	1.6004
故障 3	0.1917	0.9208	0.0139	1.6417
	0.1952	0.9258	0.0165	1.6288
正常	0.1094	0.7930	0.0212	1.5353
	0.1081	0.8066	0.0203	1.5509

表 6-16 混沌参数特征的识别结果 （%）

状态	故障 1	故障 2	故障 3	正常	平均
诊断准确率	60.00	50.00	80.00	75.00	66.25

根据表 6-16 可知，特征集对于故障 3 的诊断准确率最高，正常状态次之，二者的诊断结果较故障 1 和故障 2 更为理想，可见不同的特征提取方法对于自动机不同工况的敏感程度存在着一定的差异。

4. 提取基本尺度熵特征

在计算基本尺度熵时，首先需要选取求解过程中的嵌入维数 m 和尺度因子 a。通常情况下，计算基本尺度熵时，嵌入维数 m 的取值范围为［3，7］的整数，且保证 4^m 小于时间序列的长度 N 即可。尺度因子 a 的取值一般为｛0.1，0.2，0.3，0.4｝，取值过大会在符号划分时丢失部分原始信息，取值过小则会对噪声过于敏感。为了选取最优参数，需要就各参数的取值对基本尺度熵的影响进行讨论。图 6-18 给出了嵌入维数和常量参数取不同值时，训练样本基本尺度熵的误差线，其中，图 6-18a所示为固定尺度因子 $a=0.3$ 时基本尺度熵在不同嵌入维数下的变化趋势和偏差，图 6-18b 所示为固定嵌入维数 $m=5$ 时基本尺度熵在不同尺度因子下的变化趋势和偏差。

根据图 6-18 可知，基本尺度熵在嵌入维数取较小值时呈逐渐增大趋势，且均值折线存在交叉，当 $m=5$ 时，可较好地区分各状态的熵值，且偏差也达到了最小；基本尺度熵随着尺度因子的增大而逐渐增大，不同状态的偏差均存在重合，当 $a=0.3$ 时，各状态的均值可分性最大，因此，确定嵌入维数 $m=5$ 及尺度因子 $a=0.3$ 作为提取基本尺度熵的参数。

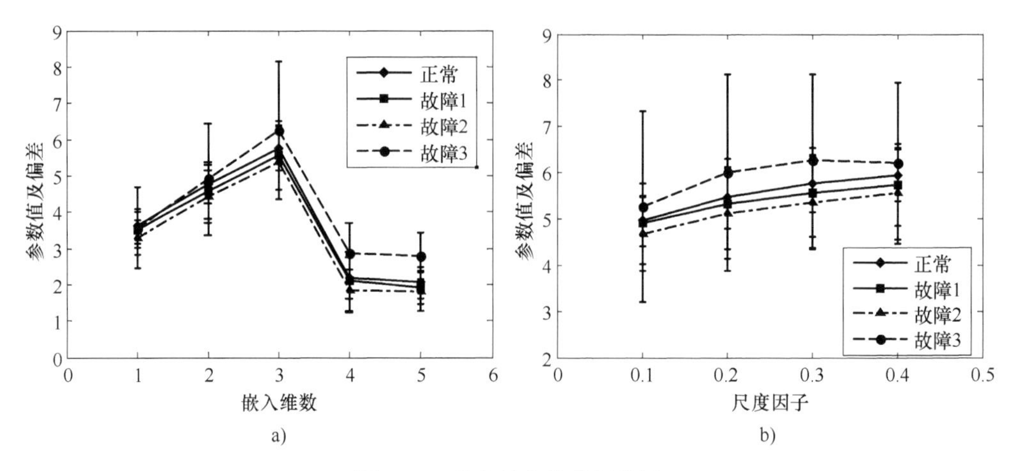

图 6-18　基本尺度熵的误差线

a）基本尺度熵随 m 的变化趋势和偏差　b）基本尺度熵随 a 的变化趋势和偏差

计算自动机振动信号前 7 个 ISC 分量的基本尺度熵，表 6-17 给出了每种状态的一组计算结果。

表 6-17　自动机 ISC 分量基本尺度熵

状态	ISC1	ISC2	ISC3	ISC4	ISC5	ISC6	ISC7
正常	6.1743	5.3142	3.3615	2.9484	3.0965	1.6025	1.5830
	6.0269	5.2630	4.1038	2.3503	3.3182	1.7518	1.4785
故障 1	6.2957	6.0123	4.7583	3.1533	3.6547	1.8501	1.4530
	6.4512	5.9842	4.8412	3.5412	3.6248	1.1879	1.4658
故障 2	6.1584	5.7148	3.3840	2.7513	3.1145	1.7509	1.6770
	6.5188	5.2546	3.8716	3.1564	2.7519	2.1452	1.6822
故障 3	6.8411	6.2451	4.1573	4.0256	3.3152	1.4796	1.1526
	6.5149	6.0143	3.9984	3.8454	3.1025	1.5841	1.2742

从表 6-17 中可以看出，多数情况下，不同状态同一 ISC 分量的基本尺度熵具有一定差别，而同一状态各 ISC 分量的基本尺度熵的差异较为明显，说明信号不同尺度的复杂度不同，包含的特征信息也不同，因此，利用 LCD 方法可有效提取信号不同尺度的特征。

5. 提取关联维数特征

采用 G-P 算法计算各状态振动信号 ISC 分量的关联维数，其中，分别由互信息法和 Cao 法确定延迟时间 τ 和嵌入维数 m，经计算分析可知，设置参数 $\tau=5$ 和 $m=10$ 可有效重构信号相空间。表 6-18 给出了每种状态的一组计算结果。

表 6-18 自动机 ISC 分量关联维数

状态	ISC1	ISC2	ISC3	ISC4	ISC5	ISC6	ISC7
正常	0.4907	0.5183	0.4969	0.3682	0.3317	0.6500	0.7588
	0.4975	0.4832	0.4382	0.4590	0.4861	0.3817	0.4541
故障 1	0.4705	0.5550	0.4311	0.3167	0.3665	0.4232	0.4755
	0.4443	0.4749	0.4010	0.4485	0.3914	0.4232	0.3720
故障 2	0.3120	0.4532	0.3282	0.3757	0.3648	0.4481	0.3298
	0.2770	0.3499	0.3971	0.3456	0.3457	0.4466	0.3793
故障 3	1.2167	0.7601	0.7354	0.8571	0.7959	0.9217	0.8395
	1.2787	0.7154	0.8054	0.8104	0.8696	0.9986	0.8107

从表中可以看出，不同状态的关联维数存在差异，说明时间序列在重构后的吸引子结构存在差异。故障 2 各 ISC 分量的关联维数较小，而故障 3 各 ISC 分量的关联维数较大，相对于其他状态区分较为明显，原因可能是自动机的故障性冲击成分增多，导致系统的非线性响应增强，从而使表现系统复杂度的关联维数增大。正常状态和故障 2 的关联维数差别较小，可能是因为闭锁块的磨损故障对振动信号的影响较为微弱，与正常状态振动信号的形态具有一定的相似性，故关联维数比较接近。

6. 提取多重分形维数特征

首先对自动机振动信号的训练样本求取多重分形谱和广义分形维数谱，图 6-19 给出了不同状态下的一组样本的曲线图，其中图 6-19a 所示为多重分形谱 $f(\alpha)$ 随奇异指数 α 的变化曲线，图 6-19b 所示为广义分形维数 $D(q)$ 随权重因子 q 的变化曲线。

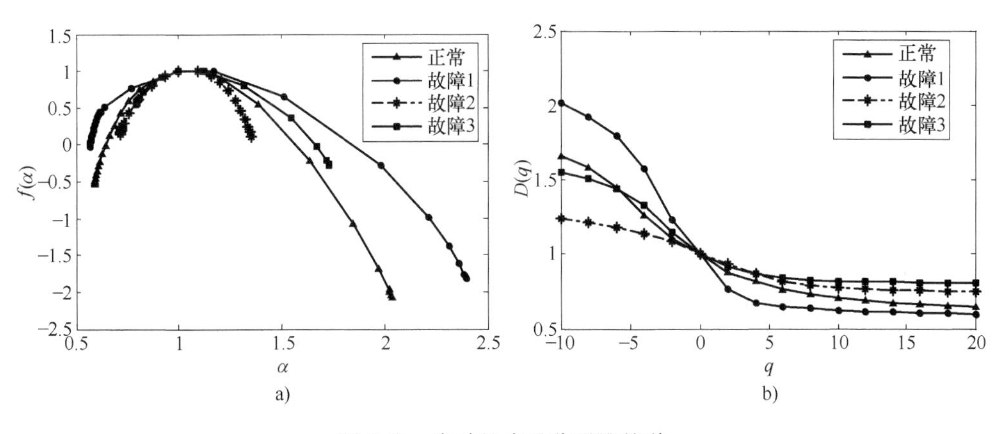

图 6-19 自动机多重分形维数谱

a）多重分形谱 b）广义分形维数谱

从图 6-19 中可以看出，在奇异指数和权重因子的取值范围内，自动机不同状态振动信号的多重分形谱曲线均为单峰函数，且广义分形维数都是权重因子的单调递减函数，表明自动机四种状态的振动信号均具有多重分形特性，且各谱线的趋势存在一定的差异。据此，进一步计算自动机振动信号 ISC 分量的谱能信息，图 6-20a 给出了训练样本 ISC 分量多重分形谱能的均值，图 6-20b 给出了相应分量广义分形维数谱能的均值。

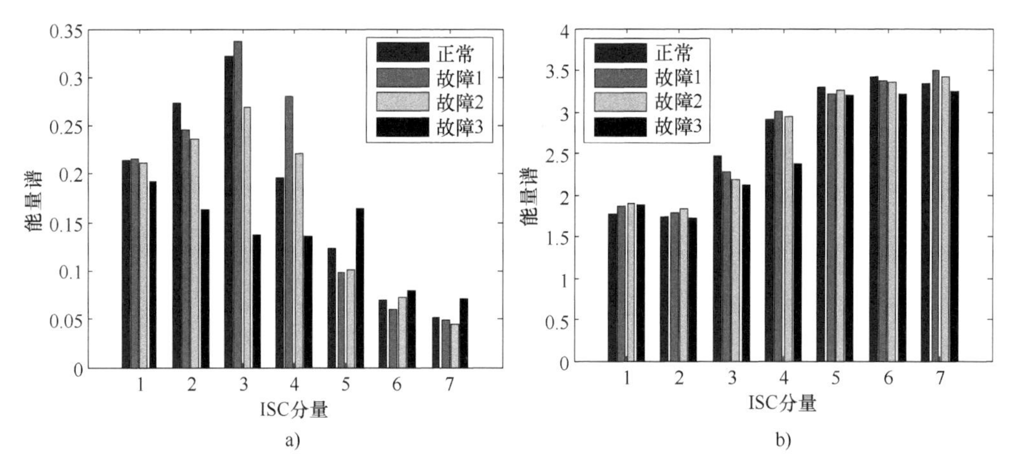

图 6-20　自动机 ISC 分量多重分形维数谱能分布

a）多重分形谱能　b）广义分形维数谱能

根据图 6-20 可知，自动机不同 ISC 分量的能量谱信息存在相似之处，例如，第 6 和第 7 个分量的多重分形谱能较为接近，第 5、第 6 和第 7 个分量的广义分形维数谱能分布差异较小；自动机不同状态之间的能量谱分布存在一定差异，例如，各种状态的第 2、第 3 和第 4 个分量的多重分形谱能均具有较为显著的分布差异，而正常状态的第 3 个分量和故障 3 的第 4 个分量的广义分形维数谱分布能较其他状态具有明显差异。因此，为提高特征的识别有效性，选取可区分度较大的第 2、第 3 和第 4 个 ISC 分量的多重分形谱能以及第 3 和第 4 个 ISC 分量的广义分形维数谱能作为最终的特征参量，对训练样本和测试样本进行特征提取，表 6-19 给出了自动机各状态振动信号多重分形维数特征提取的一组结果。

表 6-19　自动机 ISC 分量多重分形维数特征

状态	多重分形谱能			广义分形维数谱能	
	ISC2	ISC3	ISC4	ISC3	ISC4
正常	0.2371	0.2488	0.2711	2.9601	2.8510
	0.2031	0.3256	0.2695	2.4113	2.6251
故障 1	0.2147	0.3148	0.2485	2.4856	3.0143
	0.2451	0.3482	0.2581	2.2152	2.8719

（续）

状态	多重分形谱能			广义分形维数谱能	
	ISC2	ISC3	ISC4	ISC3	ISC4
故障 2	0.2418	0.3596	0.2846	2.3416	2.7493
	0.2514	0.3478	0.2796	2.4832	2.7160
故障 3	0.1615	0.1316	0.1744	2.3396	2.6763
	0.1526	0.2327	0.1647	2.4267	2.6886

为比较复杂度域特征对自动机故障模式识别的有效性，将基本尺度熵特征（A）、关联维数特征（B）及多重分形维数特征（C）输入支持向量机（SVM）进行识别。SVM 设置参数（$C=100$，$g=1$），表 6-20 列出识别结果。

表 6-20　各个复杂度域特征识别结果　（%）

特征	正常	故障 1	故障 2	故障 3	平均
A	60.00	55.00	35.00	100.00	62.50
B	55.00	50.00	50.00	100.00	63.75
C	35.00	50.00	65.00	85.00	58.75

从表 6-20 中可以看出，基本尺度熵对故障 2 的识别率较低，关联维数对故障 1 和故障 2 的识别率相同，多重分形维数特征对正常状态和故障 3 的识别率相比其他特征都较低，导致平均识别率较低。将上述各方法提取的全部特征组成自动机振动信号多尺度复杂度域特征集，将训练样本和测试样本特征集输入 SVM 进行训练和识别，同时为了验证 LCD 的自适应分解性能，将未经信号自适应分解（None）、利用经验模式分解（EMD）和利用局部均值分解（LMD）得到的特征集也输入 SVM 进行识别，识别结果见表 6-21。

表 6-21　复杂度域特征识别结果　（%）

方法	正常	故障 1	故障 2	故障 3	平均
None	50.00	50.00	60.00	90.00	62.50
EMD	55.00	50.00	55.00	95.00	63.75
LMD	55.00	55.00	60.00	100.00	67.50
LCD	60.00	55.00	60.00	100.00	68.75

分析表 6-21 可知，相比使用单一特征，综合利用所有复杂度域特征的识别准确率有了一定程度的提高。在四种状态中，SVM 对故障 3 的识别准确率普遍较高，而对故障 1 的识别准确率均较低；对原始信号提取关联维数特征仅考虑了单一尺度的信息，无法反映信号所包含的深层次信息，因此故障识别率偏低，而对信号进行自适应分解并提取多尺度特征参量，可有效提高故障识别率，由实验结果进一步表明了从多个尺度提取信号特征是有必要的；相比 EMD 和 LMD，LCD 方法的自适应

分解性能更优，因此得到了最高的平均识别准确率。

（三）小波包能量谱分析

在利用小波包能量谱对自动机的振动信号进行特征提取之前，需要对小波基函数的类型进行合理的选取。Daubechies 系列小波基函数具备较好的光滑性、紧支性及近似对称的性质，在工程信号处理中得到了比较广泛的使用，因此从 Daubechies 系列小波中选择出适用于分解自动机箱体信号的 db 小波阶次 N。从分解时的计算量来看，计算量随着阶次 N 的增大而增大，所以在满足条件的同时应尽量选择阶次较低的小波，以提高计算效率；从小波的消失矩和支撑长度来看，N 越大，小波的消失矩越大，能够提高时域分辨能力，但同时小波的支撑长度变宽，降低了时间的局域性，因此需要对 db 小波的阶次 N 进行合理选择。采用 l^p 范数熵作为代价函数 $S_L(E_i)$ 可以更加直观地反映分解所得的各个频带系数 $E_n[x^{k,m}(i)]$ 的时频集中程度，通常状况下，采用不同阶次的 db 小波对信号进行分解后，其 $S_L(E_i)$ 值越小则表示该阶次越适用于分解该类型信号。l^p 范数熵（$1 \leqslant p \leqslant 2$）定义如下：

$$S_L(E_i) = \sum_m |E_n[x^{k,m}(i)]|^p \tag{6-1}$$

选择分解层数为 3 层，设置参数为 $p=1$，依次利用 db1～db18 小波对自动机箱体信号进行分解，根据式（6-1）计算代价函数 $S_L(E_i)$ 见表 6-22 和图 6-21。

表 6-22　代价函数值随阶次变化

阶次 N	1	2	3	4	5	6
$S_L(E_i)$	404.72	366.22	375.59	397.24	389.37	380.70
阶次 N	7	8	9	10	11	12
$S_L(E_i)$	396.33	399.60	389.24	389.71	398.71	396.30
阶次 N	13	14	15	16	17	18
$S_L(E_i)$	390.77	391.53	399.27	397.13	391.82	394.67

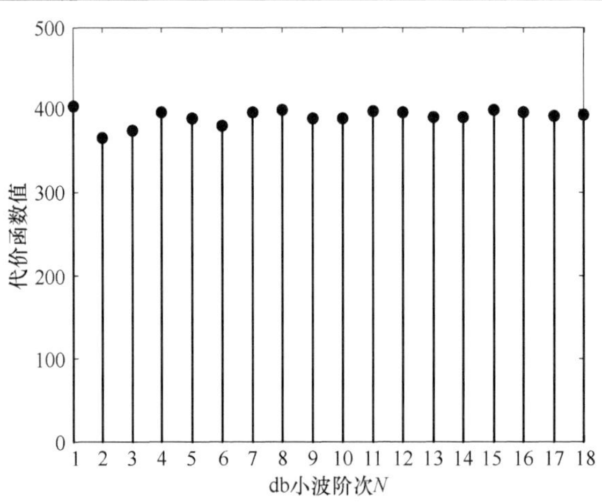

图 6-21　代价函数值随阶次变化图

根据表 6-22 和图 6-21 可知自动机振动信号采用 db2 小波进行分解时代价函数达到了最小值，可认为获得了最理想的时频集中程度，据此使用该小波基函数对自动机振动信号进行 3 层分解，并计算分解后各个频带的能量谱信息，其分布如图 6-22 所示。

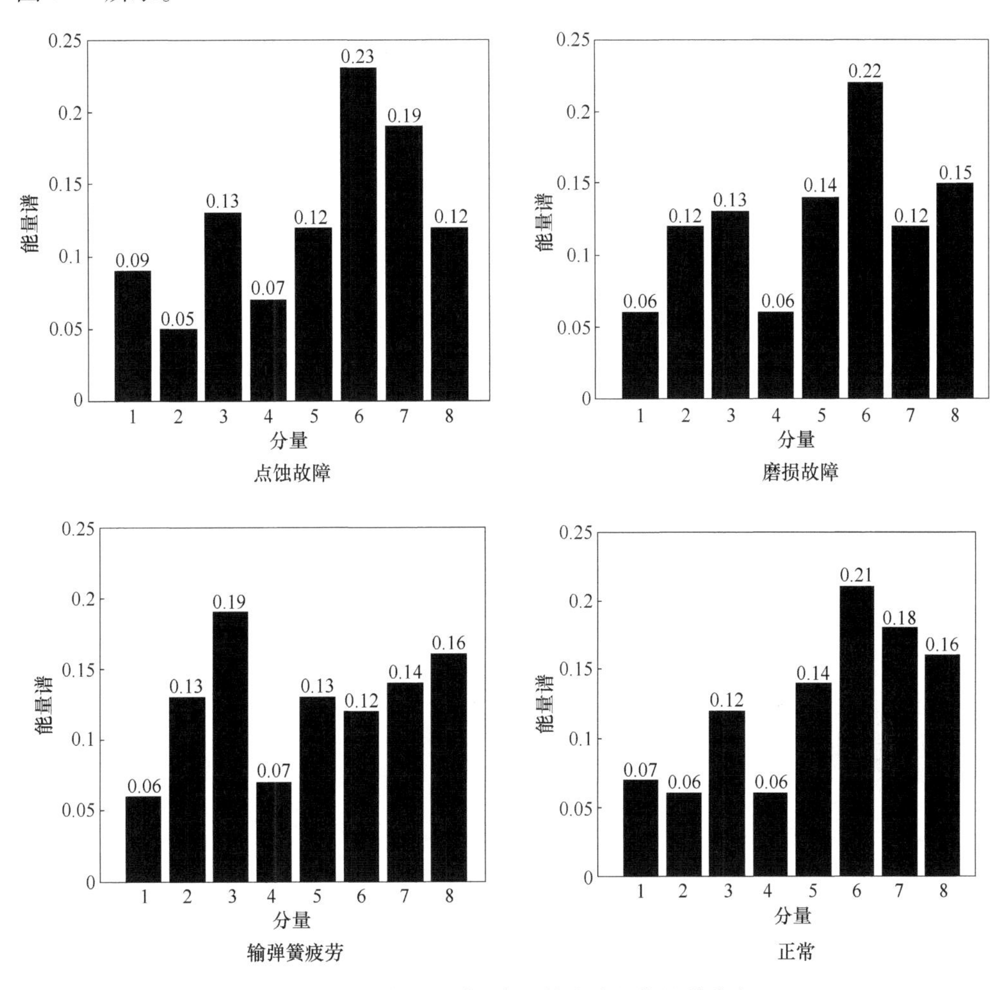

图 6-22 自动机不同状态下的小波包能量谱分布

根据图 6-22 可知，自动机四种状态的小波包能量谱信息之间存在着一定的相似性，例如四类信号分量 4 和分量 5 的能量占信号全部能量的比值相近，故障 1、故障 2 和正常信号的分量 3 的能量谱分别为 0. 13、0. 13、0. 12，相似度较高；各类信号在存在相似性的同时也存在着一定的差异，例如故障 1 和故障 2 的分量 2、分量 7、分量 8 的能量谱差异较为明显，故障 3 与其他三类信号不同，能量谱峰值出现在分量 3 即频率较低的位置处。从自动机四种工作状态的小波包能量谱图的整体趋势来看，故障 1 和正常信号的能量谱分布整体趋势类似，不存在较明显的差异，而故障2和故障3信号的能量谱分布差异相对较大，可与故障1和正常有效地区分开。

使用小波包能量谱提取训练样本和测试样本的特征，最后将特征集输入SVM中进行模式识别，识别结果见表6-23，根据识别结果可知，SVM对于故障2和故障3的诊断准确率较高，对于故障1和正常状态的识别率较低，从而导致了整体识别准确率偏低，影响了诊断效果。

表6-23　小波包能量谱特征的识别结果　　(%)

状态	故障1	故障2	故障3	正常	平均
识别准确率	55.00	70.00	80.00	55.00	65.00

（四）图像特征分析

自动机发生故障后，会使得振动信号的幅值和频率成分改变，进而影响极坐标空间中点的分布情况。而前面定义的形状特征参数又主要由点的分布情况决定，点分散的越开，重叠的点越少，则区域面积和区域边界就会变得越大，使得区域质心位置和椭圆位置发生改变，而方向角也会随着椭圆位置的改变而变化，反之亦然。因此，自动机振动信号中幅值和频率成分的改变会引起点分布位置的变化，从而能够建立自动机振动信号与形状特征之间的一种内在联系，使得从振动信号SDP图像中提取的形状特征能够对自动机故障进行表征。结合SDP方法和图像形状特征的定义，可以得到基于SDP方法的图像形状特征提取步骤：

1）对自动机不同状态的振动信号进行SDP变换，得到SDP图像。在进行SDP变换时，采用图像相关分析确定g和l的取值，即g在20°~50°的范围内步长为10°，l在1~10的范围内步长为1，分别固定g和l的值，由于需要对自动机不同故障状态进行区分，因此将各故障状态的SDP图像进行两两相关分析，取各相关系数之和最小时对应的g和l作为最优值。图像相关性的计算公式为：

$$r(\boldsymbol{A},\boldsymbol{B})=\frac{\sum_{m}\sum_{n}(\boldsymbol{A}_{mn}-\overline{\boldsymbol{A}})(\boldsymbol{B}_{mn}-\overline{\boldsymbol{B}})}{\sqrt{\left[\sum_{m}\sum_{n}(\boldsymbol{A}_{mn}-\overline{\boldsymbol{A}})^{2}\right]\left[\sum_{m}\sum_{n}(\boldsymbol{B}_{mn}-\overline{\boldsymbol{B}})^{2}\right]}} \tag{6-2}$$

式中，$\boldsymbol{A}$和$\boldsymbol{B}$为图像二维矩阵且大小相等；$\overline{\boldsymbol{A}}$和$\overline{\boldsymbol{B}}$分别为$\boldsymbol{A}$和$\boldsymbol{B}$的平均值；$r$为图像相关系数，取值范围为0~1，$r=0$或1分别表示两图像完全不相关或完全相关。

2）在最优g和l的取值下进行SDP图像的生成，由于SDP图像是通过在极坐标中对花瓣进行6次镜像对称得到的，选取其中的一部分花瓣进行特征提取就能够表达整个图像的特点。因此此处将部分花瓣从整个SDP图像中分离，按照前面图像特征的定义，计算部分花瓣的形状特征，组成特征向量集T_2。

利用自动机4种运行状态下的各20组样本进行分析，按照上述步骤，对自动机不同状态振动信号进行SDP变换，利用图像的相关性分析确定g和l的取值，通过计算不同状态 SDP 图像的两两相关系数并求和，发现当 $g=40°$，$l=2$ 时，各相关系数之和最小，因此确定 $g=40°$，$l=2$ 为最优的 SDP 变换参数。在确定最优参数后，图 6-23 给出了最优 g 和 l 取值下的自动机 4 种状态 SDP 图像，从中可以看出自动机不同故障状态下的 SDP 图像具有明显的差异。通过对大量实验数据的分析，发现自动机 4 种状态的 SDP 图像具有较好的重复性，有利于下一步提取辨识度较好的形状特征。

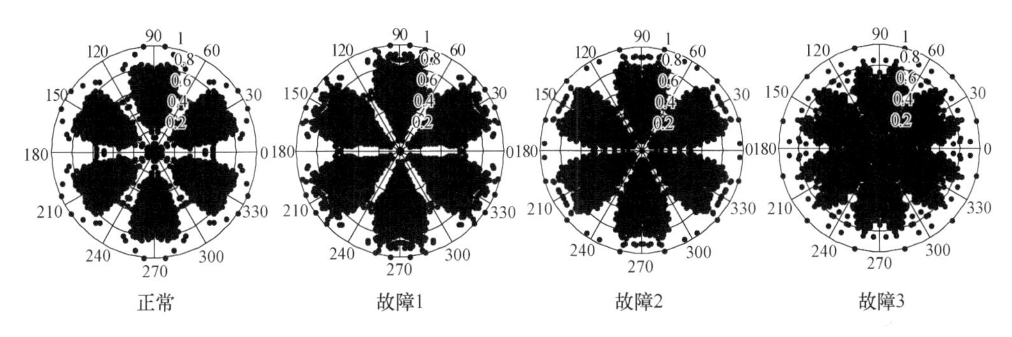

图 6-23　自动机 4 种状态的 SDP 图像

将极坐标中以 60°为对称面的两个花瓣从整个图像中进行分离，进行后续特征提取。首先，在绘制好的以 60°为对称面的两个花瓣极坐标图的基础上，直接将其转换为二值图像，如图 6-24 所示。然后，实现对自动机 4 种状态下以 60°为对称面的两个花瓣的形状特征提取。因为二值图像是由以 60°为对称面的两个花瓣极坐标图直接转换得到的，极坐标中心与二值图像左下角的相对位置不会变化，而在计算形状特征时默认二值图像左下角为 0 像素点，使得形状特征的计算基准是一致的，这就保证了自动机在不同故障状态下所提形状特征的可比性。

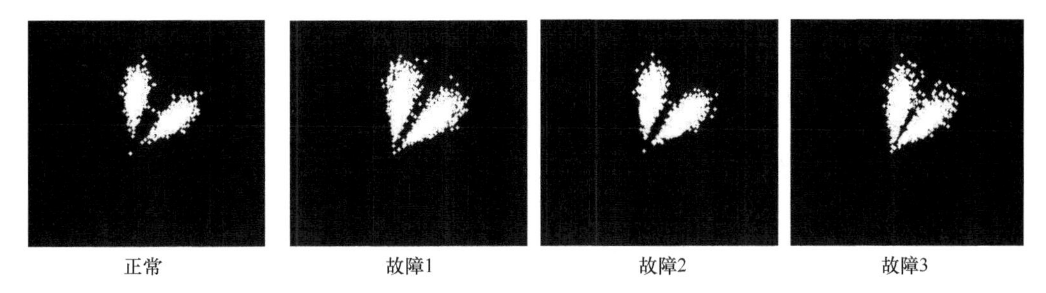

图 6-24　以 60°为对称面的花瓣二值图像

表 6-24 为自动机 4 种状态下 2 个样本信号的 10 维形状特征。通过分析表 6-24 可以发现，提取的 10 维形状特征对自动机不同的故障状态具有一定的辨识效果，呈现一定的规律性。如故障 2 的区域面积 A 最大，故障 1 次之，正常状态第三，故障 3 最小；而对于质心横坐标 $\bar{x}$，区域面积较大的故障 1 和故障 2 却反而较小，区域面积较小的正常状态和故障 3 却较大。

表 6-24　自动机 4 种状态下的形状特征

故障状态	序号	A	$\bar{x}$	$\bar{y}$	X	Y	L	W	Max	Min	θ
正常	1	3687	215.87	107.92	175.5	40.5	103	119	98.76	86.53	-30.75
	2	3586	215.72	105.63	171.5	41.5	110	118	99.08	90.26	-30.07
故障 1	1	4588	211.26	111.16	173.5	43.5	96	117	80.53	77.88	-29.96
	2	4616	213.20	107.75	170.5	40.5	107	120	91.72	74.56	-30.68
故障 2	1	4831	210.97	105.91	169.5	44.5	106	115	96.64	85.15	-29.96
	2	4785	211.16	110.71	171.5	42.5	100	117	83.17	80.56	-26.73
故障 3	1	3327	213.75	107.01	170.5	40.5	108	120	93.46	86.45	-30.76
	2	3222	214.79	104.95	170.5	45.5	107	115	101.38	86.92	-29.17

为了检验图像形状特征的提取效果，采用 SVM 对所提图像特征进行分类识别（SVM 参数设置同上，特征进行了归一化处理，以减少特征之间因数量级的差异而对识别结果造成影响），表 6-25 为 SVM 的识别结果。从表中可以看出，SVM 对自动机正常状态的识别率最高，故障 3 次之，对故障 1 和故障 2 的识别率相同，均为 46.67%，平均识别率为 60%。

表 6-25　SVM 对图像形状特征的识别结果　（%）

故障状态	正常	故障 1	故障 2	故障 3	平均
识别率	93.33	46.67	46.67	53.33	60

二、特征维数约简

（一）SS-LLTSA 算法维数约简

从三个角度提取特征组合成高维多域混合故障特征集（其中，原始信号模糊熵和 LCD 模糊熵特征提取方法得到 8 个特征，SDP 图像形状特征提取方法得到 10 个特征，时域和频域特征提取方法得到 12 个特征，因此，构建的原始高维多域混合故障特征集的维数为 30 维），对其进行归一化处理后，将其按照 1∶3 的比例随机进行分配，分别作为含标签信息样本和未含标签信息样本。按照半监督线性局部切空间排列算法的具体步骤，对高维多域混合故障特征集进行降维处理，得到低维故障特征集。在进行维数约简时，需要确定目标维数 d 和邻域参数 k，首先设置 d 的范围为 [3, 30]，k 的取值范围为 [5, 20]，利用 SVM 对低维特征进行分类识别，对所有 d 和 k 的组合进行评价，不同 d 和 k 下的 SVM 识别结果如图 6-25 所示。

从图 6-25 可以看出，自动机 4 种状态下的低维特征对不同故障的区分效果随着目标维数 d 和邻域参数 k 的改变而改变，当两者的取值在取值范围的两端时，故障的识别率偏低，当 $d=9$，$k=9$ 时，得到了最高的分类准确率 83.33%。为了直观地反映单个参数对 SVM 分类结果的影响，分别绘制了 $d=9$ 时 SVM 分类准确率随 k 变化的曲线 a 和 $k=9$ 时 SVM 分类准确率随 d 变化的曲线 b，如图 6-26 所示。从图 6-26 中曲线 a 可以看出，当固定 $k=9$ 时，分类准确率在到达最高之前先上升后下降，当 d 的取值超过 9 后，分类准确率则变化平缓，总体呈上升趋势。从曲线 b 中可以看出，在到达最高分类准确率之前，随着 k 值的增大，分类准确率逐渐降低，越过最大分类准确率后，分类准确率变化平稳，基本保持不变。

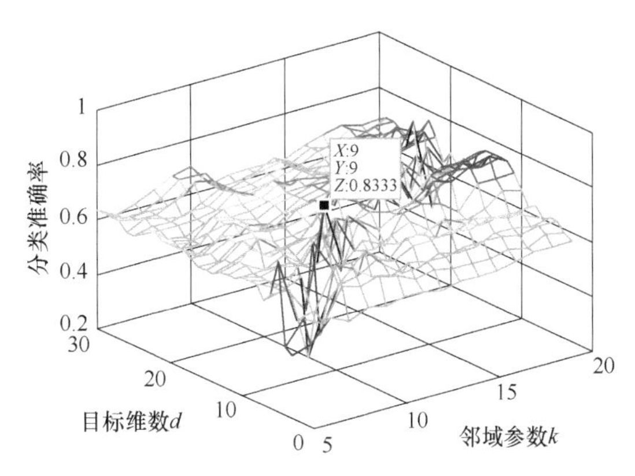

图 6-25　不同 d 和 k 组合下的分类准确率

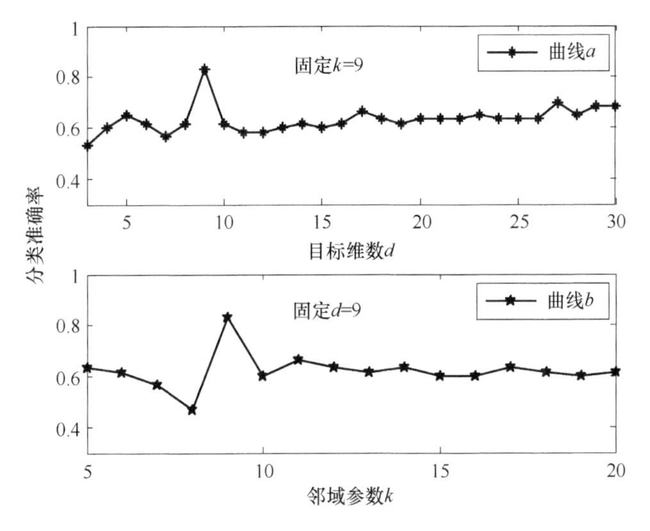

图 6-26　单一参数下的分类准确率

为了将低维特征可视化，图 6-27 给出了在 $d=9$，$k=9$ 时经 SS-LLTSA 维数约简后前三维特征的三维可视化结果。从图 6-27 中可以看出，同一运行状态下的自动机低维故障特征能够较好地聚集在一块，尤其是正常状态基本能与其他三种故障状态进行分离，除故障 2 和故障 3 之间有少部分样本存在交叉和混叠外，其余样本都具有明显的边界，只有故障 1 的样本在三维空间中分布较乱，与故障 2 和故障 3 之间均存在交叉，造成自动机该故障不易与其他故障进行区分，总体来说，SS-LLTSA 取得了不错的降维效果。

将经 PCA 和 LLTSA 约简所得前三维特征进行可视化，如图 6-28 所示。从图 6-28 中可以看出，由于 PCA 属于线性的降维方法，对非线性数据处理结果较

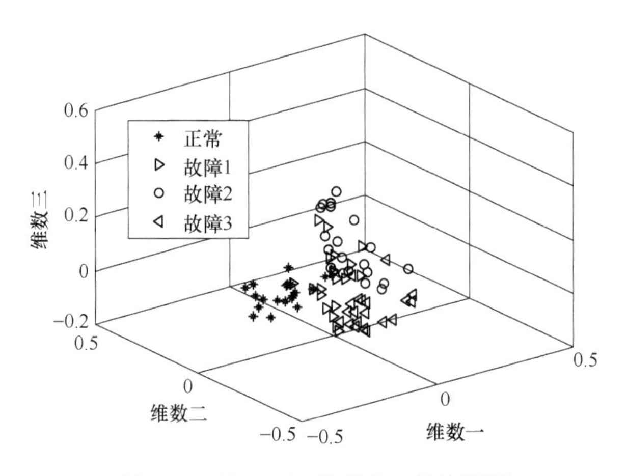

图 6-27　SS-LLTSA 约简的三维流形图

差，自动机同一工况下的故障样本分散较开，聚集性较差，同时，除了正常状态与其他故障相对具有一定的边界外，其余三种工况下的故障样本出现了较为严重的交叉和混叠，不易进行区分。从图 6-28 中可以看出，LLTSA 的维数约简效果相比 PCA 有了提高，且效果和 SS-LLTSA 的结果较为相似，正常状态基本能与其他三种故障状态进行分离，故障 1 同样与故障 2 和故障 3 有部分的交叉和混叠，而主要差别就在于 LLTSA 的低维特征相对比较分散，同类样本聚集性不如 SS-LLTSA 好。上述分析验证了 SS-LLTSA 降维方法具有一定的优势，获得了对自动机故障具有更好辨识效果的低维特征。

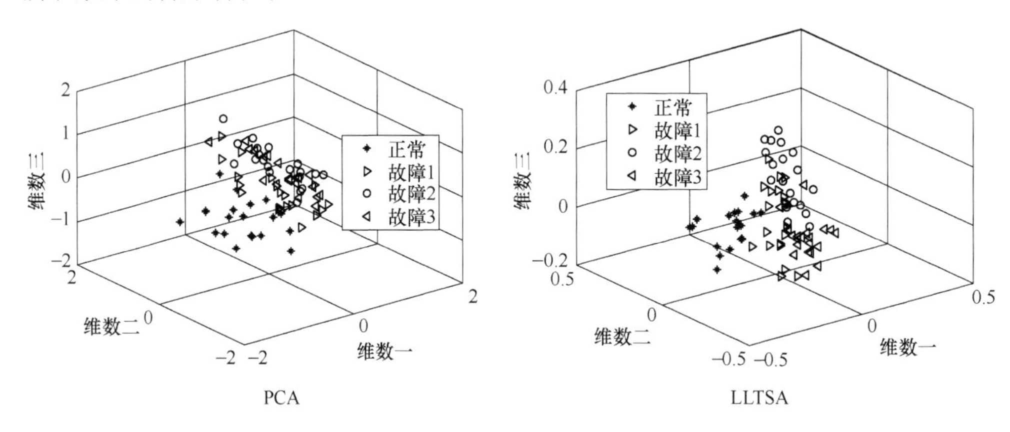

图 6-28　PCA 和 LLTSA 约简的三维流形图

（二）SSNA-LLTSA 算法维数约简

从四个角度提取自动机振动信号特征组合成原始特征集合，其中 LCD 样本熵提取的特征 7 维，Lyapunov 指数、关联维数、相对关联距离熵、Kolmogorov 熵和分形盒维数组成的复杂度域特征 5 维，三层小波包分解所得的能量谱特征 8 维，时频参数特征 6 维，组建的特征集共 26 维，由于从不同角度提取的特征域值差别较大，所以先对特征矩阵进行归一化处理，统一特征值范围。

通常情况下，使用维数约简算法处理数据时主要包括以下两种操作方式：

1）使用一定数量的数据组成训练样本先进行维数约简，从而可得到转换矩阵，再使用转换矩阵处理测试样本进行维数约简。

2）将训练和测试样本组合成为一个样本集，使用算法进行约简从而得到转换矩阵与低维样本集。

这里以方式 2）的数据处理方法为例进行分析。将特征集输入 SSNA-LLTSA 中进行维数约简处理，为了突出算法维数约简能力的优势，作为比较选用 PCA 和 LLTSA 算法同时对特征集进行维数约简，使用 SSNA-LLTSA 和 LLTSA 算法时，目标维数 d 和初始邻域参数 ε_0通过多次实验设置为 $d=8$，$\varepsilon_0=0.6$，PCA 目标维数也设置为 $d=8$。图 6-29 所示为经三种维数约简算法处理得到的低维特征集的前三个矢量在三维空间的分布情况。其中图 6-29a 所示为 SSNA-LLTSA 的约简效果，图 6-29b、c 所示分别为 PCA 和 LLTSA 的维数约简效果。

分析图 6-29 可知，PCA 对故障 1 和故障 3 聚类效果较好，但无法对故障 2 和正常状态实现有效聚类，并且四种类别的类间距较小，可区分性较差，存在很大程度的混叠；LLTSA 的聚类效果相比 PCA 有很大提高，可有效区分四种状态，但故障 1、故障 2 和正常状态之间存在混叠现象，对正常状态特征降维后类内散度较大；SSNA-LLTSA 虽然仍存在小部分的混叠情况但可将自动机四种工作状态基本区分开，较 PCA 和 LLTSA 降维效果的类间距和类内散度都有所提升，具备更高的类别区分度，每种状态内数据的聚集性也有所提升，取得了较理想的降维效果。

为了能够定量评价 SSNA-LLTSA 的性能，将经维数约简所得的低维特征集的类间距与类内散度的比值 D_R作为评价指标，分别计算低维数据集中训练样本和测试样本的比值，D_R越大则表明异类样本的低维坐标分布越分散，同类样本越集中，维数约简结果越理想，反之 D_R越小，则表示降维效果不够理想。图 6-30 中给出了使用不同维数约简算法所得的低维特征集的比值 D_R，图中的横轴 1～6 分别代表 PCA、LLTSA、SSNA-LLTSA、SSNA-LLTSA（欧氏距离）、NA-LLTSA 和 SS-LLTSA 算法。

根据图 6-30 中训练样本和测试样本的比值 D_R可知，PCA 降维方法得到的 D_R小于 LLTSA，降维结果不如 LLTSA 理想；仅将半监督方法（SS）或者邻域参数自适应（NA）与 LLTSA 结合的低维特征聚类效果不如将半监督方法和邻域参数自适应同时与 LLTSA 算法结合的效果理想，同时，采用改进的距离度量方式的 D_R大于传统欧氏距离，因此采用 SSNA-LLTSA 算法对自动机特征集进行降维取得了最理想的约简效果。

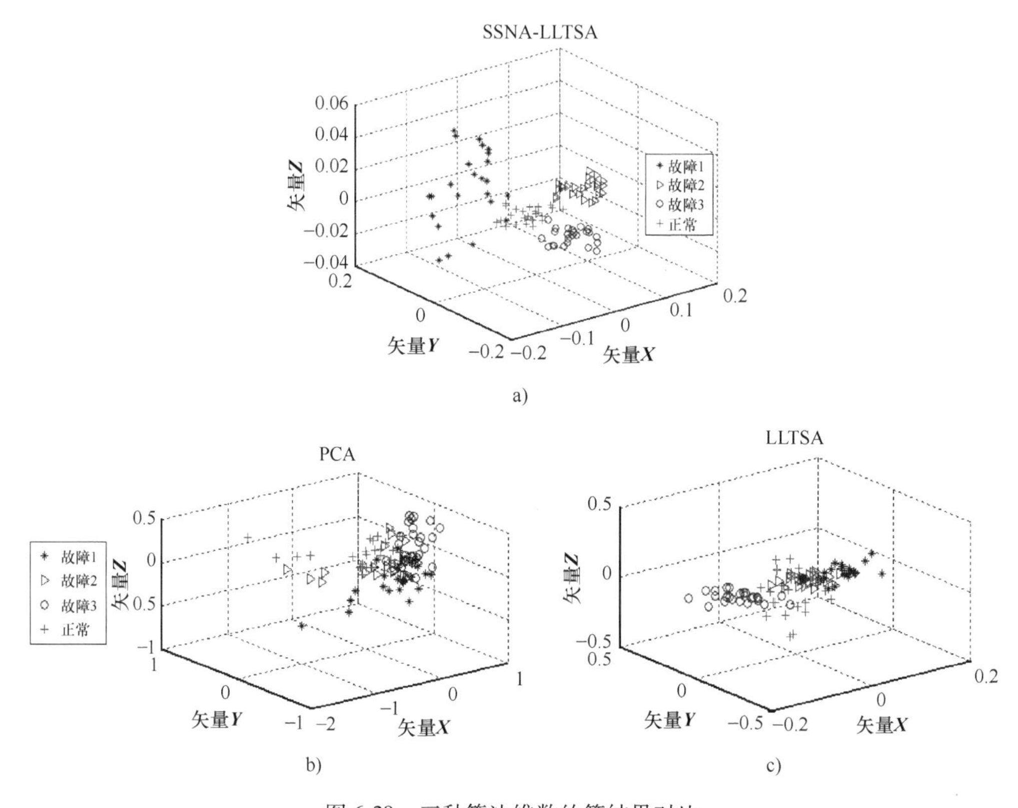

图 6-29 三种算法维数约简结果对比

a）SSNA-LLTSA 约简效果 b）PCA 约简效果 c）LLTSA 约简效果

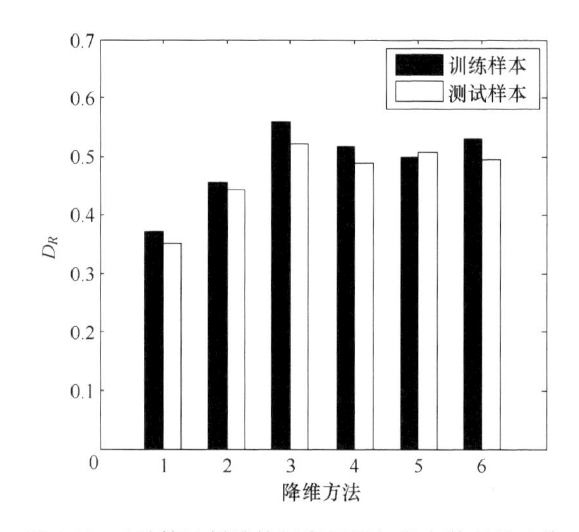

图 6-30 6 种算法低维特征类间距与类内散度的比值

利用其他类型的流形学习算法，例如 LPP、LTSA 及二者的改进形式 SS-LPP、ISS-LPP 和 SS-LTSA 对特征集进行维数约简，将约简得到的特征集输入 SVM 中进行分类识别，依据最高识别率确定最优约简维数，每种算法的最高平均识别正确率见表 6-26。

表 6-26　不同类型流行学习算法的最高平均识别率　（%）

算法	故障 1	故障 2	故障 3	正常	平均
LPP	75.00	60.00	80.00	75.00	72.50
SS-LPP	80.00	65.00	85.00	75.00	76.25
ISS-LPP	80.00	65.00	95.00	80.00	80.00
LTSA	70.00	55.00	85.00	85.00	73.75
SS-LTSA	80.00	55.00	85.00	90.00	77.50
SSNA-LLTSA	90.00	65.00	90.00	85.00	82.50

根据表 6-26 可知，自动机特征集经不同流形学习算法约简后的平均识别正确率不同，例如经 ISS-LPP 约简后对于故障 2 和故障 3 的识别准确率最高，SS-LTSA 约简后对正常状态的识别准确率达到最高，不同方法约简后对于不同故障类型的识别情况存在着一定的差异。总体来看，LPP 算法的平均识别率最低，LTSA 略高于 LPP，由于在降维过程中引入了部分已知样本的类别信息，所以改进后算法的平均识别准确率要高于原始算法，其中 SSNA-LLTSA 的平均准确率达到了最高，具备比其他几种方法更强的维数约简能力。

（三）NA-SELF 算法维数约简

利用邻域自适应半监督局部 Fisher 判别分析和独立特征选择方法对自动机振动信号特征集进行维数约简，这里采用先由训练样本得到转换矩阵，再使用转换矩阵处理测试样本的方法进行维数约简。为验证 NA-SELF 算法和独立特征选择方法的有效性，将降维得到的特征集输入 SVM 进行故障模式识别，主要流程如图 6-31 所示，具体步骤如下：

1）对 C 个类别的训练样本和测试样本进行特征提取，得到 D 维混合特征集。

2）为每两类状态进行独立特征选择，得到特征敏感度 $\xi_i=(\xi_i^1,\ \xi_i^2,\ \cdots,\ \xi_i^D)$，将利用敏感度加权后的特征组成 D_i' 维敏感特征集，并输入 NA-SELF 算法进行维数约简，得到投影转换矩阵 $\boldsymbol{T}_i$ 和 d_i 维融合特征，其中 $1\leqslant d_i<D_i'$，$i=1,\ 2,\ \cdots,\ C(C-1)/2$。

3）基于各自训练样本的融合特征训练 $C(C-1)/2$ 个二类分类 SVM，并组合所有二类分类 SVM 构成多类分类器。这里采用“一对一”法对二类分类支持向量机进行训练，并采用“最大票数赢”的决策策略构造多类分类器判断故障类型。

4）利用训练样本的特征敏感度对测试样本进行加权，为测试样本提取出敏感特征集，并通过投影转换矩阵 $\boldsymbol{T}_i$ 对测试样本敏感特征进行特征融合，将结果输入

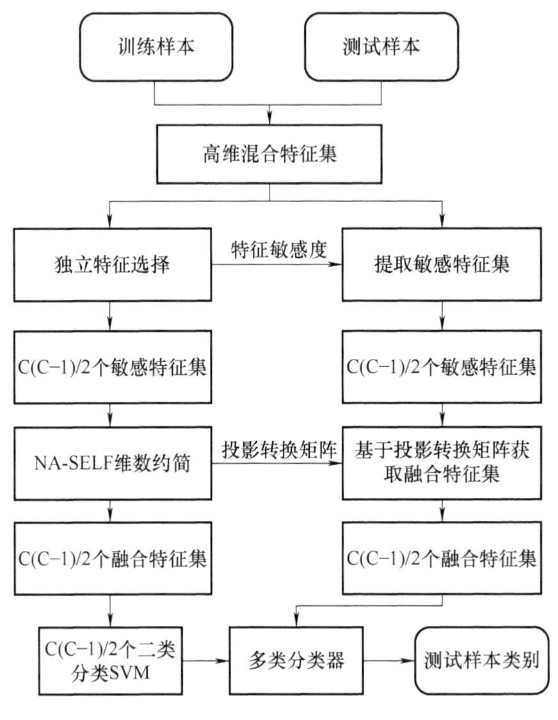

图 6-31　维数约简和模式识别流程

多类分类器，确定故障类型。

按照上述步骤所述，首先对数据样本中的每一组数据提取高维混合特征集。在自动机的正常（N）、闭锁块磨损（F1）、闭锁块点蚀（F2）和输弹簧疲劳故障（F3）等4种工作状态中，根据信号特征提取方法，提取基本尺度熵特征14维，关联维数特征14维，多重分形谱能和广义分形维数谱能组成的特征10维，以及时域和频域参数特征10维，组成4个60×48维的特征矩阵，在维数约简前对相同特征进行归一化。对训练样本进行独立特征选择，如图6-32所示，可得到6组［即$4(4-1)/2=6$］每两类状态之间每个特征的敏感度值，图中编号1~48依次对应14个基本尺度熵、14个关联维数、10个多重分形维数特征和10个时频参数。

对比各二类特征的敏感度值可以看出，某个特征可能对某两类的区分能力较大，却无法区分所有类。LCD分量的基本尺度熵对于区分F1和F2的敏感度值较高，而在N与F2的辨别中只有少数特征具有一定的敏感度；LCD关联维数对于所有F3的组合均具有很好的敏感度，且远超其他特征；利用多重分形理论提取的特征对于F1和F2之间的辨别较为敏感；时频参数在N与F1及N与F2之间具有较高的区分能力，而对F3几乎没有区分能力。进一步将特征的敏感度值作为权值对特征进行加权，则筛选出的敏感特征由原来的48维降至38维到14维不等。

采用SELF算法和NA-SELF算法对每两类的敏感特征进行维数约简，分别得到

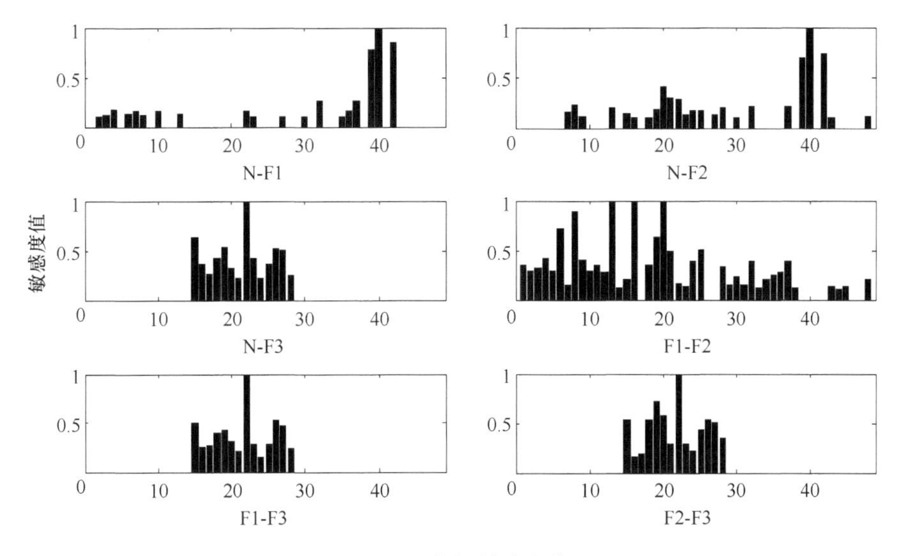

图 6-32 特征敏感度值

6 组低维特征集和转换投影矩阵，通过投影转换矩阵得到测试样本的低维特征集。各方法中，SELF 算法的近邻数 $k=7$，权系数 $\beta=0.5$，维数约简结果如图 6-33 所示，图中横、纵坐标分别表示低维特征集的前两个分量，并已进行归一化处理。

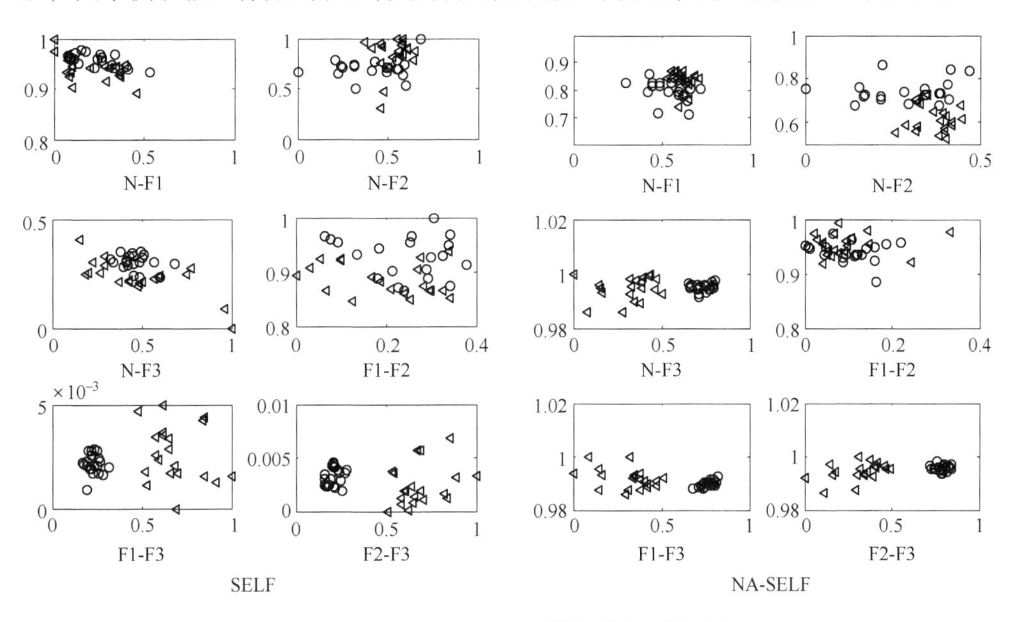

图 6-33 SELF、NA-SELF 维数约简结果对比

从图 6-33 中可以看出，SELF 算法和 NA-SELF 算法可以将有 F3 的二类特征明显地区分开来，而对 F1 和 F2 的二类特征降维结果存在较为严重的混叠，原因可能

是闭锁块磨损和闭锁块点蚀的故障位置较为接近，且故障信息较为微弱，使得振动信号的波形具有较高的相似性，故障特征较难区分。在 N 与 F2、N 与 F3 的降维结果中，NA-SELF 比 SELF 表现出了更好的聚类效果，表明了邻域参数自适应调整的有效性。

利用低维特征集训练 6 个二类分类 SVM，并组合所有二类分类 SVM 构成多类分类器，输入经过投影转换矩阵得到的测试样本低维特征集进行识别，为比较独立特征选择方法与共享特征选择方法的差别，将直接利用 SELF 算法和 NA-SELF 算法对所有类别进行降维的特征集（SFS）也进行 SVM 识别，表 6-27 给出了每种降维算法达到最高平均识别率时的结果。

表 6-27　支持向量机识别准确率 （%）

算法	N	F1	F2	F3	平均值
SELF	90.00	75.00	70.00	95.00	82.50
SELF（SFS）	75.00	60.00	65.00	95.00	73.75
NA-SELF	90.00	75.00	75.00	100.00	85.00
NA-SELF（SFS）	85.00	70.00	65.00	100.00	78.75

分析表 6-27 可知，不同维数约简方法对不同故障类别的维数约简效果不同，例如，经各种算法降维后，对于正常状态和 F3 的识别率高于对 F1 和 F2 的识别率，而经 NA-SELF 降维相对于经 SELF 降维在 F3 上有更高的识别率，由于直接利用降维算法对所有类别进行降维忽视了各个特征对于不同类别的敏感度，因此采用独立特征选择的降维算法比采用共享特征选择的降维算法具有更高的识别准确率。

三、支持向量机模型建立与故障诊断

对于自动机 4 种运行状态的振动信号样本，将其按照 1∶3 的数目随机分为训练样本和测试样本。根据建立的诊断模型具体步骤，首先对每个样本采用高维多域混合特征提取方法，构建样本的 30 维故障特征集；然后按照第四章中 SS-LLTSA 算法的具体步骤，对所构建的 30 维多域混合故障特征集进行维数约简，获得一个 9 维的低维故障特征集；最后将低维故障特征集输入经 LFOA 优化的多分类 SVM，判断故障类型。为了突出本部分所建立故障诊断模型的优势，从以下三个方面来评估诊断模型的性能：

1）在不对故障特征集进行维数约简和不优化 SVM 参数的情况下（C 和 g 两个参数采用默认值），直接将以不同方式融合的特征和三种单一特征分别输入 SVM 分类器，进行分类识别。SVM 的诊断结果见表 6-28 和图 6-34，表中和图中的字母 A、B、C 分别代表复杂度特征、图像特征和时域频域特征，不同字母的组合代表不同的特征融合。从中可以看出，无论是三种特征中的两两融合还是全部融合，融合特征的平均识别率都比单一特征要高，这说明了进行特征融合的必要性。由于融合特征包含了自动机振动信号不同方面的故障信息，能够从两个或以上角度刻画自动机的故障状态，相比三种单一特征包含的故障信息更多，因此平均识别率要高。而全部融合的特征更是从三个角度对自动机故障进行了刻画，相比两两融合，包含的故障信息进一步增加，因此识别率最高。

表 6-28　不同特征集的故障诊断精度　（%）

方法	正常	故障 1	故障 2	故障 3	平均
C	73.33	33.33	46.67	66.67	55.00
A	60.00	46.67	40.00	80.00	56.67
B	93.33	46.67	46.67	53.33	60.00
AB	86.67	33.33	40.00	93.33	63.33
AC	80.00	60.00	33.33	80.00	63.33
BC	86.67	40.00	40.00	86.67	61.67
ABC	80.00	46.67	53.33	80.00	65.00

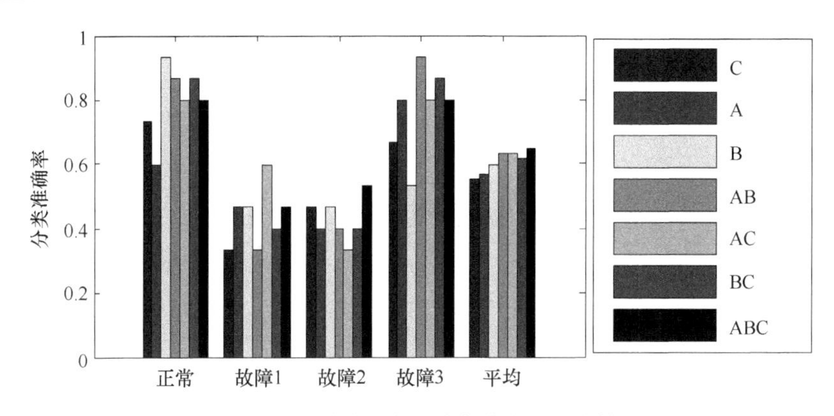

图 6-34　不同特征集的诊断精度可视化结果

从表 6-28 和图 6-34 中还可以看出，不同的特征提取方法与 SVM 的结合，对自动机故障状态的敏感性是不同，如对于自动机正常状态，图像形状特征的辨识度最高，LCD 模糊熵特征的辨识度最低，而对于故障 3，则是 LCD 模糊熵的辨识度最高，而图像形状特征却降到了最低，这些都是自动机实际故障诊断中经常出现的现象。值得注意的是，不管是单一特征还是融合特征，SVM 对故障 1 和故障 2 的识别率都普遍较低。通过对 SVM 识别结果进行分析可以发现，SVM 不易对这两类故障进行区分，多数错误识别均是将故障 1 和故障 2 混判，这主要是因为这两类故障虽然设置在闭锁块不同的位置上，但由于故障较为微弱，故障信息在经过复杂的传递路径后更为微弱，使得射击过程中采集的振动信号相似性极高，不利于后续提取辨识度较高的故障特征。

2）在不优化 SVM 参数的情况下（C 和 g 两个参数采用默认值），分别采用

PCA、LLTSA 和 SS-LLTSA 对高维多域混合特征集进行维数约简，将得到的低维有效特征输入 SVM 中进行分类识别，同时和未经约简的原始特征的识别结果进行对比。SVM 的诊断结果见表 6-29 和图 6-35，从中可以看出，虽然混合域特征集从不同角度对自动机故障特征进行了刻画，但不同特征提取方法自身存在的一些缺陷，使得混合特征集中留有冗余和干扰信息，影响了 SVM 的识别精度，而经过不同的维数约简算法进行特征降维后，SVM 的分类识别准确率均得到了提高，这也进一步说明进行维数约简的重要性。

从 3 种维数约简算法的识别结果来看，PCA 的识别结果最低，SS-LLTSA 的识别结果最高，LLTSA 位于二者之间。由于 PCA 属于线性降维算法，不能揭露故障样本的非线性流形结构，无法得到理想的降维效果，甚至出现降维后的识别结果比降维前识别结果更低的情况，如故障 1、故障 2 和故障 3 经 PCA 约简的识别结果均低于约简前的识别结果；LLTSA 降维后的识别结果除了正常状态降低以外，其余几种状态均得到了提升，但是由于 LLTSA 只注重样本之间的本质流形结构，并没有考虑部分样本的类别标签信息，使得低维故障特征间仍存在混叠，影响了故障识别精度；而 SS-LLTSA 将部分样本的类别标签信息融入降维过程，实现了数据本质流形结构与类别标签信息的结合，能够有效地将不同故障状态的样本进行分离，使得获得的低维特征具有更好的辨识能力，表 6-29 和图 6-35 的结果证明了 SS-LLTSA 的有效性。

表 6-29　四种维数约简算法的故障诊断精度对比

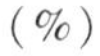

算法	正常	故障 1	故障 2	故障 3	平均
未约简	80.00	46.67	53.33	80.00	65.00
PCA 约简	93.33	33.33	40.00	73.33	66.67
LLTSA 约简	86.66	66.67	66.67	86.67	76.67
SS-LLTSA 约简	93.33	66.67	73.33	100.00	83.33

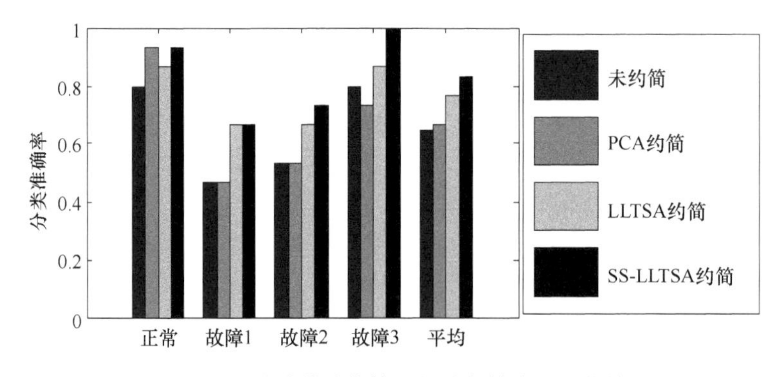

图 6-35　四种维数约简算法的诊断精度可视化结果

3）在经 SS-LLTSA 对高维多域混合特征进行约简的情况下，将低维有效特征分别输入未经优化的 SVM、经 FOA 优化的 SVM 和经 LFOA 优化的 SVM 中进行分类识别。在未优化的 SVM 中，C 和 g 两个参数采用默认值，在利用 FOA 和 LFOA 对 SVM 参数进行优化和建立 SVM 分类模型时，果蝇种群的规模均为 20，最大迭代次数为 100，C 和 g 两个参数的搜索范围为 0～1000，LFOA 中的步进长度 $a=0.5$。SVM 分别经 LFOA 和 FOA 优化后，有最佳精度时的参数取值分别为 $C=3.0902$，$g=0.5133$ 和 $C=22.0782$，$g=0.2140$。表 6-30 和图 6-36 给出了三种算法的识别结果，从中可以看出，优化后 SVM 的识别率比未优化 SVM 的识别率要高，特别是对于故障 1 和故障 2 这两种故障，识别率得到了很大的提升，这表明 SVM 的参数对分类性能具有重要的影响，也进一步说明进行参数优化的重要性。而 LFOA-SVM 的故障诊断精度最高，这是因为 LFOA 和 FOA 相比，其具有更好的全局搜寻能力和跳出局部最优能力，避免了 FOA 出现陷入局部最优的情况，能够在更广的范围内进行搜索，获得更优的 SVM 参数组合，提高了 SVM 的分类性能，因此识别率最高。

表 6-30　三种优化 SVM 算法的故障诊断精度　　（%）

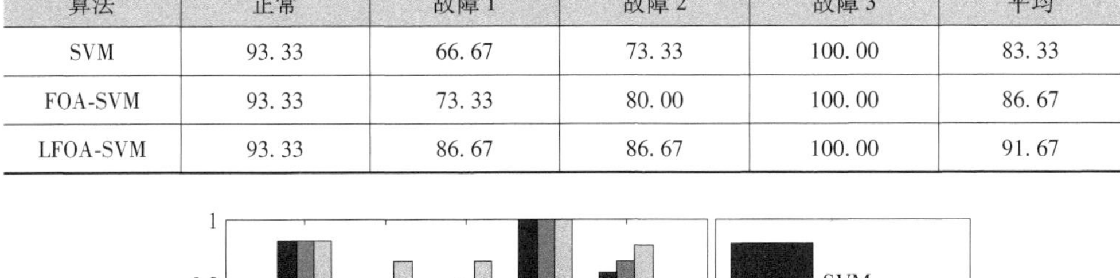

算法	正常	故障 1	故障 2	故障 3	平均
SVM	93.33	66.67	73.33	100.00	83.33
FOA-SVM	93.33	73.33	80.00	100.00	86.67
LFOA-SVM	93.33	86.67	86.67	100.00	91.67

图 6-36　三种优化 SVM 算法的故障诊断精度可视化结果

以上三个方面的分析表明，建立的自动机故障诊断模型是有效的。诊断模型中的混合域特征提取、SS-LLTSA 特征降维和 LFOA-SVM 模式识别三个环节环环相扣，组成一个整体。多域混合特征的提取是实现故障诊断的关键，SS-LLTSA 降维则起到了自动衔接特征融合与模式识别的作用，而 LFOA-SVM 模式识别则进一步提高了识别能力，三者的优势互补才实现了自动机故障诊断的高精度和自动化，从而也进一步说明“多域特征融合→特征降维→模式识别”这一故障诊断模型针对自动机故障诊断具有一定的适用性。

四、多核支持向量机模型建立与故障诊断

在前面的分析中，以自动机不同状态的振动信号为研究对象，从多个角度提取了混合特征集，并提出了一种邻域自适应半监督局部 Fisher 判别分析算法用于混合特征集的维数约简，然后对 LFOA 算法优化的多核支持向量机进行了研究。本节将以上研究内容相结合，构建基于 Fisher 判别分析和多核支持向量机的自动机故障诊断模型，模型构建的流程如图 6-37 所示，详细流程如下：

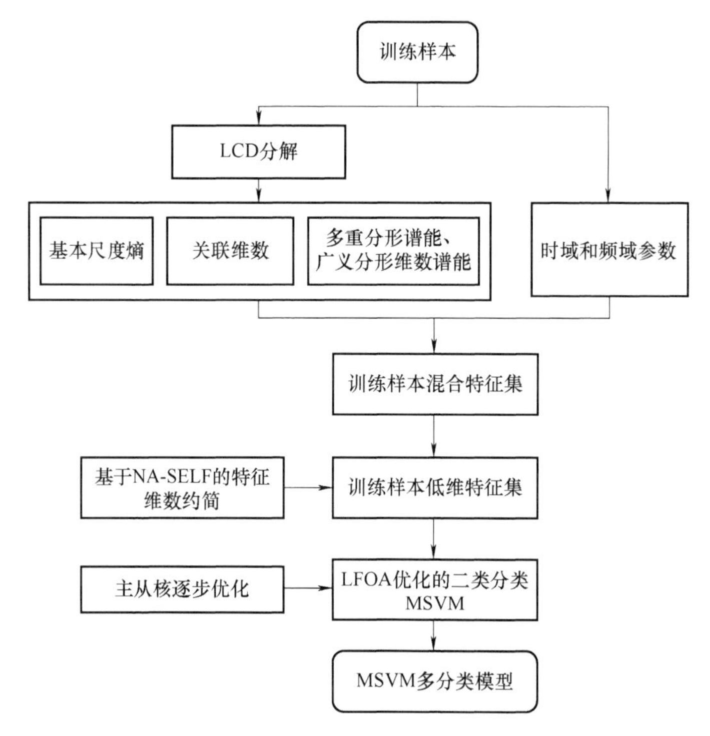

图 6-37　自动机故障诊断模型构建的流程

1）信号采集。通过自动机故障模拟射击实验装置进行信号采集。预置自动机典型故障，布置数据采集装置，并优化传感器测点，测取一定数量振动信号，将所有数据分为训练样本和测试样本。

2）特征提取。根据第三章的特征提取方法，从复杂度域、时域和频域的角度出发，结合局部特征尺度分解方法，对训练样本提取基本尺度熵、关联维数、多重分形谱能、广义分形维数谱能和时频参数等特征，组成混合特征集。

3）维数约简。依据第四章介绍的维数约简方法，为自动机每两类状态独立选择敏感特征集，并利用 NA-SELF 算法对训练样本特征集进行维数约简，得到可分性好的低维特征集和投影转换矩阵 $\boldsymbol{T}$。

4）构建多分类模型。采用第五章第四节中提出的主从核逐步优化的组合核构造方法，为每两类训练样本的低维特征集构造组合核，得到 LFOA 优化核函数及其权值的二类分类 MSVM，采用“一对一”法组合所有二类分类 MSVM 构建多分类模型。

利用训练样本构建自动机故障诊断模型，然后对测试样本的故障类型进行诊断。自动机故障诊断的流程如图 6-38 所示，具体步骤如下：

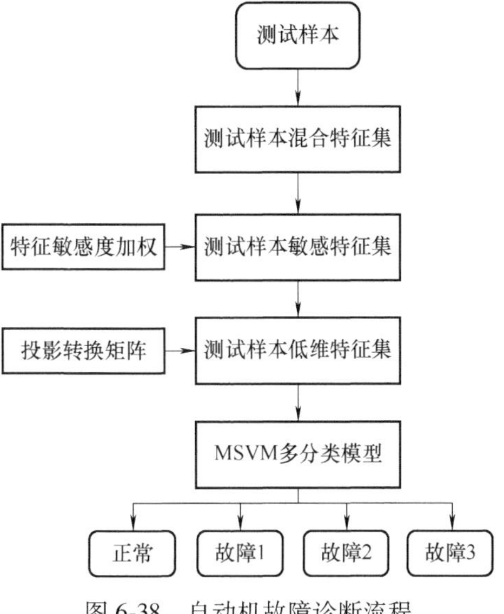

图 6-38 自动机故障诊断流程

1）按照构建自动机故障诊断模型的流程，每种状态测取 60 组振动信号，随机抽取 40 组作为训练样本，其余 20 组作为测试样本，从多个角度提取训练样本的特征，组成 48 维混合特征集，结合 NA-SELF 算法进行维数约简，并利用训练样本低维特征集训练得到 MSVM 分类模型。

2）采用同样的特征提取方法为测试样本提取出混合特征集，利用训练样本的特征敏感度对测试样本特征进行加权，为测试样本提取出敏感特征集，并通过投影转换矩阵 $\boldsymbol{T}$ 进行降维。

3）将测试样本低维特征集输入 MSVM 分类模型，识别自动机故障状态。

为了体现本部分在特征提取、特征维数约简和故障模式识别中所提方法的优越性，以及验证自动机故障诊断模型的有效性，从以下三个方面进行分析：

1）不进行特征维数约简和不优化故障分类模型，比较特征提取方法。将提取到的基本尺度熵（A）、关联维数（B）、多重分形维数特征（C）和时频参数（D）等特征进行组合，并直接输入 MSVM 进行识别，其中 MSVM 的核函数采用一个多项式核函数和一个 Gauss 径向基核函数组成，核函数参数设置为 $C=100$，$g=1$，$d=3$，表 6-31 列出了所有组合的测试样本达到最高识别准确率时的结果。

表 6-31 不同特征提取方法的测试样本诊断结果 （%）

特征	正常	故障 1	故障 2	故障 3	平均
AB	60.00	55.00	60.00	80.00	63.75
AC	60.00	65.00	55.00	80.00	65.00
AD	70.00	65.00	65.00	85.00	71.25
BC	65.00	55.00	60.00	85.00	66.25
BD	65.00	65.00	60.00	90.00	70.00

（续）

特征	正常	故障 1	故障 2	故障 3	平均
CD	75.00	60.00	70.00	90.00	73.75
ABC	70.00	65.00	65.00	85.00	71.25
ABD	65.00	65.00	75.00	90.00	73.75
ACD	75.00	65.00	75.00	95.00	77.50
BCD	70.00	65.00	70.00	95.00	75.00
ABCD	75.00	70.00	75.00	95.00	78.75

分析表 6-31 可知，不同特征提取方法组合而成的特征集在诊断结果上存在差异，例如各种特征组合对故障 1 的识别率普遍偏低，而对故障 3 的识别率较好；CD 和 ABC 组合可较好地识别正常状态，ABD 和 ACD 组合对故障 2 具有较高的诊断准确率，而 ABCD 组合对每一种状态的识别率均不低于其他特征组合。不同特征提取方法对表征故障状态的侧重点不同，而利用测试样本的全部特征进行故障状态识别，包含的故障特征信息更丰富，能够更加全面地反映故障特征的内在信息，因此得到了最高的平均诊断准确率。

2）不优化故障分类模型，比较特征维数约简算法。以 48 维混合特征集为研究对象，将不同维数约简算法得到的特征集输入 MSVM，包括含有全部特征的混合特征集（None），经 PCA、LFDA、SELF、NA-SELF（欧式距离）和 NA-SELF 降维的特征集，以及直接对所有类别样本使用 NA-SELF 降维得到的特征集（SFS）。对于训练样本，按 1∶3 的比例随机分配有类别标签样本与无类别标签样本，SELF 算法的近邻数 $k=7$，权系数 $\beta=0.5$，维数约简的最优维数通过训练样本交叉验证的最高平均识别率确定，MSVM 参数设置与 1）相同，表 6-32 列出了不同降维算法的诊断准确率。

表 6-32　不同降维算法的诊断准确率　（%）

降维算法	正常	故障 1	故障 2	故障 3	平均
None	75.00	70.00	75.00	95.00	78.75
PCA	80.00	65.00	80.00	95.00	80.00
LFDA	85.00	70.00	75.00	95.00	81.25
SELF	75.00	75.00	80.00	100.00	82.50
NA-SELF（欧式距离）	85.00	70.00	80.00	100.00	83.75
NA-SELF	85.00	70.00	85.00	100.00	85.00
NA-SELF（SFS）	80.00	65.00	80.00	95.00	80.00

根据表 6-32 可知，由于从多域提取的特征集中包含较多的非敏感特征，因此未经维数约简的原始混合特征集识别率较低；SELF 和 NA-SELF 算法充分利用了类

别信息，平均识别准确率相比 PCA 和 LFDA 有明显提高；由于 SELF 算法采用全局统一的近邻数构建邻域，不能很好地体现样本分布的疏密程度，因此识别率低于 NA-SELF（欧式距离）；NA-SELF（欧式距离）算法采用的相似性度量算法具有更好的局部几何结构特征表达能力，获得了最高的诊断准确率。共享特征选择算法是为所有类选择出相同的特征，对于某两个类别而言可能并不是最优的，而独立特征选择算法为每两类故障状态独立选择最优特征子集，通过对特征进行加权，使敏感特征在故障诊断中起更加重要的作用，同时降低甚至消除了较低敏感度特征的作用，从而能够得到可识别性更高的低维特征。

3）比较故障模式识别方法。采用 NA-SELF 算法对混合特征集进行维数约简后，利用 LFOA 对 MSVM 进行参数优化，以训练样本交叉验证的平均准确率作为适应度函数，并采用主从核逐步优化的方法建立 MSVM 模型，最后，将测试样本输入训练出的 MSVM 进行识别。为了对比模式识别方法效果，同时将采用 FOA、GA 和 PSO 优化的 MSVM 及采用 LFOA 同步优化的 MSVM 进行实验。

为了能够定量评价各优化算法的性能，采用核 Fisher 判别分析方法，利用优化得到的组合核函数，将样本映射到高维特征空间，然后在该高维特征空间中计算类间散度和类内散度的比值，将各个二类组合得到的该比值的平均值作为评价指标，比值越大，说明同类样本分布越集中，异类样本分布越分散，从而越有利于最大化分类间隔。采用不同优化算法得到的指标值如图 6-39 所示，图中横轴的 1~5 分别表示 LFOA-MSVM、FOA-MSVM、GA-MSVM、PSO-MSVM 和同步优化的 LFOA-MSVM 等算法。

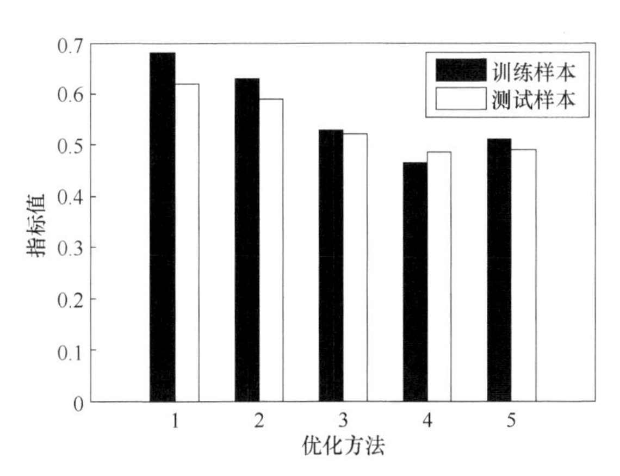

图 6-39　采用不同优化算法得到的指标值

分析图 6-39 可知，在主从核逐步优化的基础上，采用 LFOA 优化 MSVM 的效果要优于其他 3 种 MSVM 参数优化算法；在各算法中，训练样本和测试样本得到的比值相差不大，说明了所提算法在所有样本上均具有较好的稳定性；除 PSO-MSVM 外，采用文中提出的主从核逐步优化的方法得到的组合核函数对样本映射得到的高维特征空间，比采用同步优化的方法具有更好的样本类别可分性。

用测试样本对训练得到的 MSVM 性能进行测试。为验证所提算法的稳定性，共进行 10 次实验。5 种模式识别算法达到最高诊断准确率时的结果、10 次实验的平均优化时间，以及达到最高准确率率时加入的从核数目见表 6-33。

表 6-33　5 种模式识别算法诊断结果、平均优化时间及从核数目

算法	诊断准确率（%）					平均优化时间/s	从核数目
	正常	故障 1	故障 2	故障 3	平均		
LFOA-MSVM	95.00	85.00	90.00	100.00	92.50	71.15	9
FOA-MSVM	90.00	80.00	90.00	100.00	90.00	62.23	11
GA-MSVM	95.00	80.00	85.00	95.00	88.75	68.54	8
PSO-MSVM	85.00	75.00	85.00	100.00	86.25	87.42	13
LFOA-MSVM（同步优化）	85.00	70.00	75.00	95.00	88.75	36.75	—

由诊断结果可知，由于优化过程中果蝇种群通过 Levy 飞行和迭代对各参数进行优化选择，更易跳出局部最优，使多项式核函数和 Gauss 核函数的权值得到合理分配，因此 LFOA 优化的 MSVM 的分类效果最好。相比对所有权值同时寻优的同步优化方法，主从核逐步优化的方法使用的核函数数目较少，且保证了较高的性能下限，得到了更高的识别精度。也说明核的数量并不是越多越好，使用较多的核函数有时反而会使识别率降低，而逐步优化的方法相当于对性能较好的单核进行选择，从而可以尽量保证组合核没有冗余。从平均优化时间来看，由于 LFOA-MSVM 在每次构造新主核时都要进行迭代计算，使得训练时间略长，而对于本部分所采用的离线故障诊断方式，通常是在模式识别之前完成诊断模型的构建和优化，因此，可不考虑诊断效率的问题。

通过以上三个方面的对比分析可知，从多个角度提取特征充分挖掘了自动机运行状态的特征信息，基于 NA-SELF 算法的特征维数约简算法可得到区分度更高的敏感特征，主从核逐步优化的多核支持向量机充分融合了不同核函数的特性，获得了更高的故障诊断准确率。

五、相关向量机模型建立与故障诊断

根据故障诊断模型中所述的诊断流程，首先对自动机箱体信号进行多角度特征提取，组建特征集，并按照 SSNA-LLTSA 算法的步骤对训练和测试样本的特征集同时进行维数约简，得到低维特征子集，最后将低维特征输入 LFOA-RVM 分类模型，判断故障类型，图 6-40 所示为诊断结果与实际测试样本类别的分布情况，最终的诊断结果见表 6-34。

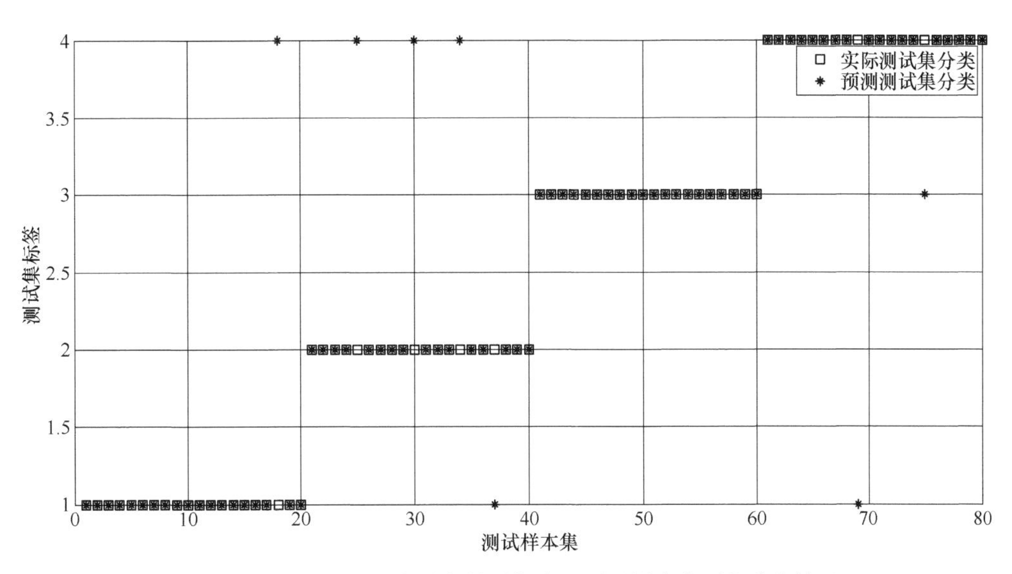

图 6-40 RVM 测试样本诊断结果与实际测试样本类别的分布情况

表 6-34 测试样本最终的诊断结果

类型	故障 1	故障 2	故障 3	正常	平均
误诊	1	4	0	2	7
正确诊断	19	16	20	18	73
识别准确率（%）	95.00	80.00	100.00	90.00	91.25

根据诊断结果可知，采用文中提出的技术途径对自动机进行故障诊断时，故障 1、故障 3 和正常状态的识别率较高，对于故障 2 的识别率略低。总体来看，平均准确率达到了 91.25%，取得了较理想的诊断结果，为了体现出文中所建立自动机故障诊断模型的优越性，从以下三个方面展开比较分析：

1）不同特征提取方法的比较。在对特征集不进行维数约简的前提下，对特征提取方法的不同组合直接采用网格方法优化的 RVM 进行分类识别，核函数参数 g 的搜索范围为 0~256，诊断结果见表 6-35，表中 A、B、C、D 分别代表多尺度样本熵特征、混沌参数特征、小波包能量谱特征和时频参数特征。

表 6-35 不同特征提取方法的测试样本诊断结果 （%）

特征	故障 1	故障 2	故障 3	正常	平均
AB	60.00	60.00	85.00	70.00	68.75
AC	60.00	65.00	80.00	65.00	67.50
AD	65.00	50.00	80.00	60.00	63.75
BC	55.00	60.00	90.00	65.00	67.50
BD	50.00	45.00	70.00	80.00	61.25

（续）

特征	故障 1	故障 2	故障 3	正常	平均
CD	65.00	65.00	85.00	70.00	71.25
ABC	65.00	70.00	90.00	65.00	72.50
ABD	70.00	50.00	80.00	75.00	68.75
ACD	50.00	55.00	90.00	65.00	65.00
BCD	60.00	65.00	90.00	65.00	70.00
ABCD	70.00	55.00	95.00	75.00	73.75

从表 6-35 中的诊断结果可知，不同特征组合方式的诊断结果不同，其中 ABD 组合对故障 1 的诊断正确率较高，AC、CD 和 BCD 对于故障 2 的识别正确率较高，BD 组合对于正常工况的诊断效果较好，ABCD 组合对故障 1 与故障 3 的诊断正确率都达到了最高，不同特征组合方式对于不同故障类别的敏感程度存在着一定的差异。从平均识别正确率来看，ABCD 组合所包含的特征信息较其他组合更多，特征集的全面性更好，所以平均识别准确率达到了最高，验证了从多角度对信号进行特征提取的有效性。

2）不同维数约简算法的比较。在组建多角度特征集的基础上，同样采用传统的网格优化方法对 RVM 核参数进行寻优，在未使用智能优化算法优化核参数的情况下，采用 PCA、LLTSA、SSNA-LLTSA、SSNA-LLTSA（欧氏距离）、NA-LLTSA 和 SS-LLTSA 算法分别对自动机振动信号的特征集进行维数约简处理，并且依据选定的训练样本，以平均识别率作为适应度函数，根据交叉验证的最高适应度确定最优约简维数，完成特征集维数约简。最后将测试集输入已训练完成的 RVM 分类模型进行分类识别，采用不同降维算法的诊断结果对比如表 6-36 所示。

表 6-36　不同降维算法的诊断结果对比

降维算法	平均识别率（%）	最优维数	最优核参数 g
None	73.75	—	1.3195
PCA	75.00	10	4.0000
LLTSA	77.50	14	0.2500
SSNA-LLTSA（欧氏距离）	82.50	11	0.7579
SSNA-LLTSA	85.00	8	0.1436
NA-LLTSA	81.25	7	0.0825
SS-LLTSA	82.50	5	2.2974

根据表 6-36 可知，未经维数约简的特征集识别率相对较低，仅为 73.75%，对于自动机振动信号特征集而言可能从多域提取的特征中包含一定数量的冗余混叠信息，并且 RVM 分类器最优核函数参数的选取是通过传统网格优化方法获得的，未

经智能寻优算法优化，传统网格优化方法寻优能力和搜索精度有限，所以影响了实验中 RVM 的平均识别正确率；由于 PCA 属于线性降维算法，以将高维数据转换至自身的最大方差集方向作为主要目的，忽略了原始特征集的非线性结构，因此使用 PCA 降维后的平均识别率低于 LLTSA；但 LLTSA 属于无监督的维数约简算法，没有考虑将部分可获取的原始样本的类别标签信息融入降维过程，且选取的邻域参数 ε_0 为全局固定的参数，所以 LLTSA 的诊断精度低于 SSNA-LLTSA（欧氏距离）；由于 SSNA-LLTSA（欧氏距离）算法采用余弦相似度与欧氏距离相结合的度量方式计算样本点之间的复合距离，融合了样本点间的空间位置和余弦夹角信息，计算所得的距离更加准确，使构建的局部邻域空间中样本点的流形相似性更高，获得的低维特征具有更好的可辨识性，所以平均识别准确率达到了最高。

3）不同模式识别算法的比较。使用 SSNA-LLTSA（欧氏距离）算法对特征集进行降维后，分别将训练样本和测试样本的低维特征集输入采用网格算法优化的 RVM、FOA 算法优化的 RVM 和 LFOA-RVM 及改进多分类决策策略的 RVM 中进行训练和诊断测试，核函数参数 g 的寻优范围设置为 0~256，采用不同方法所得的测试样本识别情况详见表 6-37。

表 6-37 不同模式识别算法的测试样本识别情况

识别算法	故障 1 识别正确率（%）	故障 2 识别正确率（%）	故障 3 识别正确率（%）	正常识别正确率（%）	平均识别正确率（%）	核参数 g
网格优化 RVM	90.00	70.00	90.00	90.00	85.00	0.1436
FOA-RVM	90.00	75.00	95.00	90.00	87.50	0.4328
LFOA-RVM	90.00	75.00	95.00	95.00	88.75	1.6075
RVM 改进策略	95.00	80.00	100.00	90.00	91.25	1.7255

根据表 6-37 可知，由于 LFOA 算法结合了 FOA 局部寻优精度高和 Levy 飞行的高度随机特性，提升了算法的全局搜索能力，使其更容易跳出局部最优值，所以采用 LFOA 对 RVM 核函数参数进行优化的测试样本平均识别正确率高于 FOA-RVM 和传统的网格优化方法，改进后的多分类决策策略可以对 RVM 初始输出的后验概率按照一定的规则进行“奖励”或“惩罚”从而得到新的后验概率，最终根据新的后验概率判定样本所属类别，更加充分地利用了 RVM 能够提供概率式输出的优势，所以测试样本中故障 1、故障 2 和故障 3 的识别率都有所提升，改进后的决策策略提高了测试样本的整体平均识别率。

为了便于比较改进决策策略的 RVM（此后均缩写为 RVM）和支持向量机对于自动机故障诊断问题的分类性能，同时将训练样本和测试样本的低维特征集输入 LFOA-SVM 中进行模式识别，核函数同样选择性能较好的径向基核函数（RBF），LFOA 算法的参数设置同优化 RVM 核参数时相同，对惩罚因子 C 和核参数 g 进行寻优后确定 $C=17.1136$，$g=3.1500$，诊断结果见表 6-38。

表 6-38　SVM 分类诊断结果

类型	故障 1	故障 2	故障 3	正常	平均
误诊	1	4	0	1	6
正确诊断	19	16	20	19	74
识别准确率	95.00%	80.00%	100.00%	95.00%	92.50%

对比 RVM 和 SVM 的诊断结果可知，两者都可以达到较高的识别准确率，但 SVM 的分类准确率要略高于 RVM，就整体诊断结果而言，不论是 RVM 或者 SVM，对故障 1、故障 3 和正常状态的平均识别准确率较高，但对于故障 2 的诊断准确率偏低，可能原因为闭锁块磨损故障的位置距离传感器稍远，所以采集到的振动信号特征相对微弱，导致在后续的故障诊断中出现了误判现象。表 6-39 中给出了两种模式识别方法各方面指标参数的对比，其中 RVs 和 SVs 分别代表相关向量和支持向量个数。

表 6-39　RVM 与 SVM 各方面指标参数的对比

指标	训练时间/ms	测试时间/ms	RVs/SVs	平均识别率（%）
RVM	187.11	7.12	10	91.25
SVM	62.95	31.79	56	92.50

对比 RVM 和 SVM 分类器的各项指标可知，由于 RVM 在训练过程中需要进行大量的迭代计算，减缓了训练效率，因此 RVM 的训练时间较 SVM 略长，但在故障诊断的实际应用中，诊断模型是提前训练完成的，所以不会影响故障诊断的效率；在测试时间方面，RVM 耗时较短，这是由于 RVs 的个数少于 SVs，所以 RVM 具有更好的泛化性能，决策模型也更加稀疏，与 SVM 相比更适合解决小样本分类问题，此外 RVM 还可提供概率式输出，可以为故障诊断模型提供更丰富的决策信息。基于以上分析可知，RVM 与 SVM 的诊断精度相近，且能够在保持较高测试准确率的同时在很大程度上提升诊断模型的稀疏性和实时性，具备该种性质使其更适合应用于对实时性要求较高的自动机在线故障诊断。

通过以上三个方面的对比分析，验证了文中建立的自动机故障诊断模型的有效性及优势，在保证特征提取全面性的同时，采用改进的流形学习算法对特征集进行维数约简，消除了冗余信息，改进的多分类决策策略更加充分地利用了 RVM 概率式输出的优势，获得了更理想的诊断结果。

参考文献

[1] 张相炎. 火炮自动机设计 [M]. 北京：北京理工大学出版社，2010.

[2] 吕岩. 基于特征维数约简和相关向量机的自动机故障诊断技术研究 [D]. 石家庄：军械工程学院，2016.

[3] 何正嘉，陈进，王太勇，等. 机械故障诊断理论及应用 [M]. 北京：高等教育出版社，2010.

[4] 钟秉林，黄仁. 机械故障诊断学 [M]. 北京：机械工业出版社，2006.

[5] WANG X，LIU C W，BI F R，et al. Fault diagnosis of diesel engine based on adaptive wavelet packets and EEMD-fractal dimension [J]. Mechanical Systems and Signal Processing. 2013，41 (1-2)：581-597.

[6] 李晗，萧德云. 基于数据驱动的故障诊断方法综述 [J]. 控制与决策，2011，26 (1)：1-9.

[7] 张玲玲. 基于振动信号分析和信息融合技术的柴油机故障诊断研究 [D]. 石家庄：军械工程学院，2013.

[8] 刘永斌. 基于非线性信号分析的滚动轴承状态监测诊断研究 [D]. 合肥：中国科学技术大学，2011.

[9] BRUCE A，DONOHO D，GAO HONGYE. Wavelet analysis [J]. IEEE Spectrum，1996，10：26-35.

[10] 纪国宜，赵淳生. 振动测试和分析技术综述 [J]. 机械制造与自动化，2010，40 (3)：1-5.

[11] 赵松年，熊小芸. 子波变换与子波分析 [M]. 北京：电子工业出版社，1996.

[12] JARDINE A K S，LIN D，Banjevic D. A review on machinery diagnostics and prognostics implementing condition-based maintenance [J]. Mechanical Systems and Signal Processing，2006，20 (7)：1483-1510.

[13] COHEN L. Time-frequency distribution-a review [J]. Proceedings of the IEEE，1989，77 (7)：941-981.

[14] HUANG N E，SHEN Z，LONG S R. A new view of nonlinear water waves：the hilbert spectrum [J]. Annual Review of Fluid Mechanics，1999，31 (1)：417-457.

[15] SMITH J S. The local mean decomposition and its application to EEG perception data [J]. Journal of the Royal Society Interface，2005，2 (5)：443-454.

[16] 程军圣，郑近德，杨宇. 一种新的非平稳信号分析方法——局部特征尺度分解法 [J]. 振动工程学报，2012，25 (02)：215-220.

[17] KALVODA T，HWANG Y R. Analysis of signals for monitoring of nonlinear and non-stationary machining processes [J]. Sensors & Actuators A Physical，2010，161 (1)：39-45.

[18] 田海雷，李洪儒，许葆华. 基于 EEMD 和平滑能量算子解调的轴向柱塞泵故障特征提取 [J]. 海军工程大学学报，2013，25 (01)：43-47，68.

[19] 陈仁祥，汤宝平，吕中亮. 基于相关系数的 EEMD 转子振动信号降噪方法 [J]. 振动、

测试与诊断，2012，32（4）：542-546，685.

[20] WU Z H，HUANG N E. Ensemble empirical mode decom-position：A noise-assisted data analysis method [J]. Advances in Adaptive Data Analysis，2009，1（01）：1-41.

[21] 张亢. 局部均值分解方法及其在旋转机械故障诊断中的应用研究 [D]. 长沙：湖南大学，2012.

[22] 张亢，程军圣，杨宇. 基于局部均值分解与形态学分形维数的滚动轴承故障诊断方法 [J]. 振动与冲击，2013，32（9）：90-94.

[23] MARK G，FREI I O. Intrinsic time-cale decomposition：time-frequency-energy analysis and realtime filtering of non-stationary signals [J]. Proceedings of the Royal Society A，2007，463（2078）：321-342.

[24] 程军圣，杨怡，杨宇. 局部特征尺度分解方法及其在齿轮故障诊断中的应用 [J]. 机械工程学报，2012，48（9）：64-71.

[25] YAN R，GAO R X. Approximate Entropy as a diagnostic tool for machine health monitoring [J]. Mechanical Systems & Signal Processing，2007，21（2）：824-839.

[26] 曹满亮，潘宏侠. 基于排列熵和 SVM 的自动机故障诊断 [J]. 机械设计与研究，2015（5）：138-140.

[27] 舒思材，韩东. 基于多尺度最优模糊熵的液压泵特征提取方法研究 [J]. 振动与冲击，2016，35（9）：184-189.

[28] 钟先友，赵春华，陈保家，等. 基于改进的本征时间尺度分解和基本尺度熵的齿轮故障诊断方法 [J]. 中南大学学报（自然科学版），2015（3）：870-877.

[29] 石博强，申焱华. 机械故障诊断的分形方法：理论与实践 [M]. 北京：冶金工业出版社，2001：172-176.

[30] 刘昱，张俊红，毕凤荣，等. 基于 Wigner 分布和分形维数的柴油机故障诊断 [J]. 振动、测试与诊断，2016，36（2）：240-245.

[31] 王炳成，任朝晖，闻邦椿. 基于非线性多参数的旋转机械故障诊断方法 [J]. 机械工程学报，2012，48（5）：63-69.

[32] 周炜星，王延杰，于遵宏. 多重分形奇异谱的几何特性 I. 经典 Renyi 定义法 [J]. 华东理工大学学报，2000，26（4）：385-389.

[33] 褚青青，肖涵，吕勇，杨志武. 基于多个无标度区多重分形理论的齿轮故障诊断 [J]. 机械设计与制造，2016（1）：5-7.

[34] PASTÉN D，COMTE D. Multifractal analysis of three large earthquakes in Chile：Antofagasta 1995，Valparaiso 1985，and Maule 2010 [J]. Journal of Seismology，2014，18（4）：707-713.

[35] 褚青青，肖涵，吕勇，杨志武. 基于多重分形理论与神经网络的齿轮故障诊断 [J]. 振动与冲击，2015（21）：15-18.

[36] ARGYRIS J，ANDREADIS I，PAVLOS G，et al. The Influence of Noise on the Correlation Dimension of Chaotic Attractors [J]. Chaos，Solitons and Fractals，1998，9（3）：343-361.

[37] 杨宇，王欢欢，喻镇涛，等. 基于 ITD 改进算法和关联维数的转子故障诊断方法 [J]. 振动与冲击，2012，31（23）：67-70，76.

[38] 李琳，张永祥，明廷涛. EMD 降噪的关联维数在齿轮故障诊断中的应用研究 [J]. 振动

与冲击，2009，28（4）：145-148，209.

[39] 谢钧，刘剑. 一种新的局部判别投影方法［J］. 计算机学报，2011，34（11）：2243-2250.

[40] VIET H N，JEAN C G. Fault detection based on kernel principal component analysis［J］. Engineering Structures，2010，32（11）：3683-3691.

[41] YU J B. Bearing performance degradation assessment using locality preserving projections.［J］. Expert Systems with Applications，2011，38（6）：7440-7450.

[42] EBTEHAJ A M，BRAS R L，Foufoula-Georgiou E. Shrunken Locally Linear Embedding for Passive Microwave Retrieval of Precipitation［J］. Transactions on Geoscience and Remote Sensing，2015，53（7）：3720-3736.

[43] BO Y，MING X，YU P. Multi-manifold discriminant ISOMAP for visualization and classification［J］. Pattern Recognition，2016，55：215-230.

[44] ZHAI L，DING Z，JIA Y，et al. A Word Position-Related LDA Model［J］. International Journal of Pattern Recognition & Artificial Intelligence，2011，25（06）：909-925.

[45] MIKA S. Fisher Discriminant Analysis With Kernels［J］. Neural Networks for Signal Processing，1999，9：41-48.

[46] SUGIYAMA M. Dimensionality Reduction of Multimodal Labeled Data by Local Fisher Discriminant Analysis［J］. Journal of Machine Learning Reserch，2007，8：1027-1061.

[47] YAN S，XU D，ZHANG B，et al. Graph Embedding and Extensions：A General Framework for Dimensionality Reduction［J］. IEEE Transactions on Pattern Analysis & Machine Intelligence，2006，29（1）：40.

[48] SUGIYAMA M. Semi-supervised local Fisher discriminant analysis for dimensionality reduction［J］. Journal of Machine Learning Research，2010，78：35-61.

[49] 杨望灿，张培林，吴定海，等. 基于改进半监督局部保持投影算法的故障诊断［J］. 中南大学学报（自然科学版），2015（6）：2059-2064.

[50] 杨昔阳，邓朝阳，李志伟. 半监督模糊 Fisher 降维分析［J］. 厦门大学学报（自然版），2015，54（6）：869-875.

[51] HAYKIN S. 神经网络原理［M］. 北京：机械工业出版社，2004.

[52] 李建刚，任子晖，刘延霞. 基于 Elman 神经网络矿用通风机故障诊断的研究矿山机械［J］. 矿山机械，2011，32（08）：250-252.

[53] BANGALORE P，TJERNBERG L B. An Artificial Neural Network Approach for Early Fault Detection of Gearbox Bearings［J］. IEEE Transactions on Smart Grid，2015，6（2）：980-987.

[54] 贾爱芹，陈建军. 基于改进的 BP 模糊神经网络的汽车 ABS 故障诊断［J］. 机械强度，2011，33（6）：822-826.

[55] LIU X，LIU X. Modified pso-based artificial neural network for power electronic devices fault diagnosis modeling［J］. Energy Procedia，2011，13（Complete）：748-752.

[56] 彭斌，胡常安，赵荣珍. 基于混合杂草算法的神经网络优化策略［J］. 振动、测试与诊断，2013，33（04）：634-639.

[57] 李阳，朱宗胜. 基于改进人工免疫和神经网络的柴油机故障诊断［J］. 计算机测量与控制，2013，21（08）：2080-2082，2086.

[58] 曹龙汉，牟浩，张迁，等. 基于蚁群优化的 Elman 神经网络在故障诊断中的应用研究 [J]. 北京联合大学学报，2013，27（04）：30-35.

[59] CORTES C，VLADIMIR V. Support vector networks [J]. Machine Learning，1995（20）：273-297.

[60] TANG B P，SONG T，LI F，et al. Fault diagnosis for a wind turbine transmission system based on manifold learning and shannon wavelet support vector machine [J]. Renewable Energy，2014，62（Complete）：1-9.

[61] WANG Y S，MA Q H，ZHU Q，et al. An intelligent approach for engine fault diagnosis based on Hilbert-Huang transform and support vector machine [J]. Applied Acoustics，2013，75（1）：1-9.

[62] 张翔，陈林. 基于果蝇优化算法的支持向量机故障诊断 [J]. 电子设计工程，2013，21（16）：90-93.

[63] PAN W T. A new Fruit Fly Optimization Algorithm：Taking the financial distress model as an example [J]. Knowledge-Based Systems，2012，26（2）：69-74.

[64] BORDOLOI D J，Tiwari R. Support vector machine based optimization of multi-fault classification of gears with evolutionary algorithms from time-frequency vibration data [J]. Measurement，2014，55（55）：1-14.

[65] 徐中明，谢耀仪，贺岩松，等. 基于粒子群—向量机的汽车加速噪声评价 [J]. 振动与冲击，2015，34（2）：25-29.

[66] CHAPELLE O，VAPNIK V，BOUSQUET O，et al. Choosing Multiple Parameters for Support Vector Machines [J]. Machine Learning，2002，46（1-3）：131-159.

[67] LANCKRIET G R G，CRISTIANINI N，BARTLETT P，et al. Learning the Kernel Matrix with Semi-Definite Programming. [C]//Nineteenth International Conference on Machine Learning，Morgan Kaufmann Publishers Inc，2002：323-330.

[68] 汪洪桥，蔡艳宁，孙富春，等. 多尺度核方法的自适应序列学习及应用 [J]. 模式识别与人工智能，2011，24（1）：72-81.

[69] 刘志强. 基于多核学习支持向量机的旋转机械故障识别方法研究 [D]. 秦皇岛：燕山大学，2014.

[70] 郭创新，朱承治，张琳，等. 应用多分类多核学习支持向量机的变压器故障诊断方法 [J]. 中国电机工程学报，2010，30（13）：128-134.

[71] 陈法法，汤宝平，苏祖强. 基于局部切空间排列与 MSVM 的齿轮箱故障诊断 [J]. 振动与冲击，2013，32（5）：38-42.

[72] 郑红，周雷，杨浩. 基于小波包分析与多核学习的滚动轴承故障诊断 [J]. 航空动力学报，2015，30（12）：3035-3042.

[73] 吴定海，张培林，王怀光，等. 基于多核支持向量数据描述的单类分类方法 [J]. 计算机工程，2013，39（5）：165-168.

[74] 万源，童恒庆，朱映映. 基于遗传算法的多核支持向量机的参数优化 [J]. 武汉大学学报（理学版），2012，58（3）：255-259.

[75] 戴涌，张国平，王茂林，等. 某转膛自动机异常发射故障分析 [J]. 火炮发射与控制学

报，2013（3）：67-71.

[76] 李杰仁，马吉胜，陈明，等. 基于 ADAMS 的自动机动力学建模与仿真 [J]. 计算机仿真，2010，27（10）：246-249.

[77] 李鹏. 导气式自动武器模拟试验系统被试自动机动力学仿真与分析 [D]. 太原：中北大学，2011.

[78] PAN H X，PAN M Z，ZHAO R P，et al. An Automaton Fault Diagnosis Based on Shock Response Analysis [J]. Applied Mechanics and Materials，2012，226-228：745-748.

[79] KUMAR M，YADAV S P. The weakest t-norm based intuitionistic fuzzy fault-tree analysis to evaluate system reliability [J]. Isa Transactions，2012，51（4）：531-538.

[80] 都衡，潘宏侠. 基于信息熵和 GA-SVM 的自动机故障诊断 [J]. 机械设计与研究. 2013，29（5）：127-130.

[81] 潘铭志，潘宏侠，任海峰. 基于小波变换信息熵的自动机故障特征提取研究 [J]. 火炮发射与控制学报，2012（4）：74-78.

[82] 潘宏侠，崔云鹏，王海瑞. 基于混沌理论的自动机故障诊断研究 [J]. 火炮发射与控制学报，2014（2）：50-54.

[83] 张玉学，潘宏侠，安邦. 基于 EEMD 与 FCM 聚类的自动机故障诊断 [J]. 中国测试，2017，43（3）：06-110.

[84] 兰海龙，潘宏侠，龚明. 局域波分形方法在柴油机故障诊断中的应用 [J]. 机床与液压，2013，41（5）：180-183.

[85] ZHANG Z，WU J，MA J，et al. Fault diagnosis for rolling bearing based on lifting wavelet and morphological fractal dimension [C]. //Control and Decision Conference. IEEE，2015.

[86] 胡敏. 分形理论在火炮自动机故障诊断中的应用 [J]. 电子制作，2013（2）：148-148.

[87] 吕海龙，陈晓强. 某高炮自动机可靠性初探 [J]. 四川兵工学报，2002，6：22-25.

[88] 黄志坚，高立新，廖一凡. 机械设备振动故障监测与诊断 [M]. 北京：化学工业出版社，2010：25.

[89] 王宏超，陈进，董广明，等. 基于快速 kurtogram 算法的共振解调方法在滚动轴承故障特征提取中的应用 [J]. 振动与冲击，2013，32（1）：35-37.

[90] 赵颖. 应用数理统计 [M]. 北京：北京理工大学出版社，2008：191-200.

[91] 李杰. 基于 LCD 和 VPMCD 的滚动轴承故障诊断方法 [D]. 长沙：湖南大学，2013.

[92] 刘大钊，王俊，李锦，等. 颠倒睡眠状态调制心率变异性信号的功率谱和基本尺度熵分析 [J]. 物理学报，2014，63（19）：426-432.

[93] 许凡，方彦军，张荣，等. 基于 LMD 基本尺度熵的 AP 聚类滚动轴承故障诊断 [J]. 计算机应用研究，2017，34（6）：1732-1736.

[94] WESSEL N，ZIEHMANN C，KURTHS J，et al. Short-term forecasting of life-threatening cardiac arrhythmias based on symbolic dynamics and finite-time growth rates [J]. Phys Rev E Stat Phys Plasmas Fluids Relat Interdiscip Topics，2000，61（1）：733-739.

[95] GRASSBERGER P，PROCACCIA I. Characterization of Strange Attractors [J]. Physical Review Letters，1983，50（5）：346-349.

[96] 李奎为，胡瑾秋，张来斌，等. 关联维数无标度区确定方法及诊断应用 [J]. 石油机械，

2007, 35 (4): 43-45.

[97] PENG J, QIAO H, XU Z B. A new approach to stability of neural networks with time-varying delays [J]. Neural Networks, 2002, 15 (1): 95-103.

[98] CAO L. Practical method for determining the minimum embedding dimension of a scalar time series [J]. Physica. Section D: Nonlinear Phenomena, 1997, 110 (1-2): 43-50.

[99] 蒲小勤. 基于多重分形的图像识别研究 [D]. 西安: 西北大学, 2009.

[100] 李兆飞, 柴毅, 李华锋. 多重分形的振动信号故障特征提取方法 [J]. 数据采集与处理, 2013, 28 (1): 38-44.

[101] 李国宾, 段树林, 于洪亮, 等. 发动机振动信号特征参数的多重分形研究 [J]. 内燃机学报, 2008, 26 (1): 87-91.

[102] 黄晓林, 崔胜忠, 宁新宝, 等. 心率变异性基本尺度熵的多尺度化研究 [J]. 物理学报, 2009, 58 (12): 8160-8165.

[103] 刘云东, 李鸿, 白万荣, 等. 一种自适应邻域选择半监督判别分析算法 [J]. 计算机工程与应用, 2011, 47 (35): 80-183.

[104] 刘志勇, 袁媛. 基于测地距离的半监督增强 [J]. 计算机工程与应用, 2011, 47 (21): 202-204.

[105] 张晓涛, 唐力伟, 王平, 等. 自适应邻域构造流形学习算法及故障降维诊断 [J]. 振动、测试与诊断, 2016, 36 (6): 1210-1215.

[106] 李文博, 王大轶, 刘成瑞. 一类非线性系统的故障可诊断性量化评价方法 [J]. 宇航学报, 2015, 36 (4): 455-462.

[107] 摆玉龙, 杨志民. 基于 Parzen 窗法的贝叶斯参数估计 [J]. 计算机工程与应用, 2007, 43 (7): 55-58.

[108] 刘晗, 张庆, 孟理华, 等. 基于 Parzen 窗估计的设备状态综合报警方法 [J]. 振动与冲击, 2013, 32 (3): 110-114.

[109] 周勇, 何创新. 基于独立特征选择与相关向量机的变载荷轴承故障诊断 [J]. 振动与冲击, 2012, 31 (3): 157-161.

[110] LV Y, YANG H Z. A Multi-model Approach for Soft Sensor Development Based on Feature Extraction Using Weighted Kernel Fisher Criterion [J]. Chinese Journal of Chemical Engineering, 2014, 22 (2): 146-152.

[111] CHAUDHURI A, DE K, CHATTERJEE D. A Comparative Study of Kernels for the Multi-class Support Vector Machine [C]//International Conference on Natural Computation, IEEE, 2008, 2: 3-7.

[112] HSU C W, LIN C J. A comparison of methods for multiclass support vector machines [J]. IEEE Transactions on Neural Networks, 2002, 13 (4): 1026.

[113] BURGES C J C. A Tutorial on Support Vector Machines for Pattern Recognition [J]. Data Mining & Knowledge Discovery, 1998, 2 (2): 121-167.

[114] LEE W J, VERZAKOV S, DUIN R P W. Kernel Combination Versus Classifier Combination [C]//Multiple Classifier Systems, International Workshop, Mcs 2007, Prague, Czech Republic, May 23-25, 2007, Proceedings, DBLP, 2007: 22-31.

[115] LEWIS D P, JEBARA T, NOBLE W S. Nonstationary kernel combination [C]//International Conference on Machine Learning, ACM, 2006: 553-560.

[116] GÄONEN M, ALPAYDM E. Multiple kernel machines using localized kernels [C]//Proc. of the 4th Int'l Conf. on Pattern Recognition in Bioinformatics. Sheffield: University of Sheffield, 2009.

[117] HA Q M, PARTHA N, YUAN Y. Mercer's Theorem, Feature Maps, and Smoothing [C]//Conference on Learning Theory. Springer-Verlag, 2006: 154-168.

[118] 张前图，房立清，赵玉龙. 具有 Levy 飞行特征的双子群果蝇优化算法 [J]. 计算机应用，2015，35 (5): 1348-1352.